Simone Janson

8 Schritte zur erfolgreichen Existenzgründung

Simone Janson

8 Schritte zur erfolgreichen Existenzgründung

Der Grundstein für Ihr neues Unternehmen
Planung, Anmeldung, Finanzierung
Mit Beispiel-Formularen, Anträgen, Checklisten und Tipps

REDLINE WIRTSCHAFT

Bibliografische Information der Deutschen Nationalbibliothek
Die Deutsche Nationalbibliothek verzeichnet diese Publikation in der Deutschen Nationalbibliografie.
Detaillierte bibliografische Daten sind im Internet über http://dnb.d-nb.de abrufbar.

ISBN 978-3-636-01570-9

Unsere Web-Adresse:
www.redline-wirtschaft.de

Redaktion: Matthias Michel, Wiesbaden
Umschlaggestaltung: Vierthaler & Braun, München
Umschlagabbildung: getty images/ Simon Brown
Satz: Jürgen Echter, Redline GmbH
Druck und Bindung: CPI – Ebner & Spiegel, Ulm
Printed in Germany

Inhalt

Anmerkung

Um das Arbeiten mit diesem Buch für Sie möglichst einfach und effizient zu gestalten, haben wir wichtige Textpassagen mit folgenden Icons gekennzeichnet:

Achtung wichtig!

Stolperstein

Tipp

Das sollten Sie auf jeden Fall vermeiden

Beispiel

In acht Schritten in die Selbstständigkeit

In acht Schritten eine erfolgreiche Existenz gründen – geht das überhaupt? Natürlich geht das – und wie, möchte Ihnen dieses Buch auf unkomplizierte Art und Weise zeigen. Folgen Sie einfach schrittweise der Anleitung, wie Sie sie auf den nächsten Seiten finden, denn hier erhalten Sie Punkt für Punkt alle Informationen darüber, was Sie für eine erfolgreiche Selbstständigkeit benötigen, und außerdem detaillierte Hilfestellungen, die Sie alle bürokratischen Hürden erfolgreich meistern lassen. Am Ende dieses Weges finden Sie sich in der Selbstständigkeit wieder und werden überrascht feststellen: selbstständig zu sein ist gar nicht so schwer, wie Sie bisher angenommen hatten!

Ein Wort zum Konzept dieses Ratgebers: Die Abfolge der Kapitel entspricht dem Zeitplan und der Reihenfolge einer erfolgreichen Gründung. So verfassen Sie zunächst einen Businessplan und schauen sich dann nach Finanzierungsmöglichkeiten um; und Sie müssen die Gewerbeanmeldung bereits in der Tasche haben, wenn Sie bei der Arbeitsagentur den Gründungszuschuss beantragen. Dennoch sollten Sie das Buch zunächst einmal von Anfang bis Ende durchlesen, damit Sie wissen, welche Schritte genau auf Sie zukommen, diese können nämlich von Gründer zu Gründer unterschiedlich sein. Beispielsweise sollten Sie in die Erstellung eines Konzepts für Ihren Businessplan auch die Rechtsform Ihres Unternehmens einarbeiten – auch wenn dieser Schritt in unserem Buch erst der dritte ist, weil dafür eine stehende Finanzierung die Voraussetzung ist. Als Freiberufler benötigen Sie vielleicht keine Gewerbeanmeldung, aber vielleicht möchten Sie etwas über die Unterschiede zwischen Freiberuflichkeit und Gewerbe erfahren? Und wenn Sie den Gründungszuschuss der Arbeitsagentur beantragen wollen, können Sie das Kapitel über Finanzierung überspringen, aber es schadet nichts, auch andere Finanzierungsmöglichkeiten zu kennen.

Die erforderlichen Schritte zu einer erfolgreichen Gründung

1. Am Anfang steht die Idee, die Sie in einem Businessplan formulieren – um sich selbst über Ihr Vorhaben klar zu werden, aber natürlich auch für potenzielle Geldgeber. Hier legen Sie gleichzeitig Unternehmensstruktur und Marketingstrategie fest – beides entscheidend für Ihren Erfolg.
2. Im zweiten Schritt kümmern Sie sich um die Finanzierung Ihrer Idee. Und selbst wenn Sie keinerlei Investoren benötigen: Lesen Sie dieses Kapitel aufmerksam, denn in jedem Fall verursacht eine Existenzgründung Kosten – und sei es nur für die Lebenshaltung.
3. Im dritten Schritt legen Sie die Rechtsform Ihres Unternehmens fest – mit entscheidenden Auswirkungen auf die Struktur Ihres Unternehmens.
4. Im vierten Schritt tätigen Sie Ihre Gewerbeanmeldung und die Anmeldung bei Ihrer zuständigen berufsständischen Kammer. Als Freiberufler können Sie dieses Kapitel jedoch getrost überspringen – es sei denn, Sie möchten auch die Unterschiede zwischen Freiberuflichkeit und Gewerbe kennen.
5. Im fünften Schritt melden Sie sich als Selbstständiger beim Finanzamt an. Das Kapitel erklärt Ihnen die wichtigsten Steuerformen und das Ausfüllen des Anmeldungsformulars.
6. Im sechsten Schritt beantragen Sie Geld von der Arbeitsagentur. Wenn Sie dies nicht vorhaben, gehen Sie einfach zu Schritt sieben weiter.
7. Im siebten Schritt kümmern Sie sich um die Sozialversicherung – mittlerweile Pflichtprogramm für jeden Existenzgründer.
8. Der achte Schritt ist schließlich freiwillig, aber keinesfalls unwichtig: Hier überlegen Sie, welche weiteren Versicherungen Sie für die Absicherung Ihrer Gründung benötigen.

Schritt 1:
Idee und Businessplan

Ganz am Anfang einer Gründung steht natürlich eine Geschäftsidee. Die haben Sie schon und wollen am besten gleich loslegen mit der Firmengründung? Prima! Doch ganz egal, ob Sie sich mit der Selbstständigkeit einen lang gehegten Wunsch erfüllen oder ob Sie sich aus der Arbeitslosigkeit heraus selbstständig machen, ob Sie ein kleines Ein-Mann-Unternehmen oder eine GmbH gründen wollen, ob Sie alleine sind oder mit anderen gemeinsam den Schritt in die Selbstständigkeit wagen: Damit Ihr Unternehmen ein Erfolg wird, brauchen Sie eine optimale Strategie. Nehmen Sie sich also die Zeit, Ihre Geschäftsidee gründlich zu überdenken, auf Schwachstellen abzuklopfen und Ihre Position festzulegen. Nichts eignet sich dafür so gut wie ein Businessplan.

Tipp Hilfe beim Businessplan? Eine detaillierte Anleitung für einen Businessplan bieten »Gründerzeiten 17« sowie weitere Print- und Onlinepublikationen unter http://www.bmwi.de. Eine umfangreiche Beraterbörse finden Sie unter www.nexxt.org. Auch die Industrie- und Handelskammern vor Ort (zu finden über www.ihk.de) bieten Beratung und weitere Informationen. Daneben gibt es zahlreiche Organisationen und Institutionen, die in sogenannten Businessplan-Wettbewerben Geschäftsideen prämieren und Ihnen dabei auch bei der Erstellung eines ausgefeilten Businessplans helfen, etwa der Verband NUK Neues Unternehmertum Rheinland e.V. (http://www.n-u-k.de). Hinweise zu zahlreichen Wettbewerben gibt Ihnen die Website des Förderkreis Gründungs-Forschung e.V. (http://www.fgf-ev.de > Aktivitäten > FGForum Infosystem > Wettbewerbe). Oft finden Sie hier zusätzliche Unterstützung durch Informationen und den Austausch mit anderen Existenzgründern und Experten. Allerdings sollte Ihre Geschäftsidee schon vor der Bewerbung relativ ausgereift sein.

Vielleicht stöhnen Sie jetzt auf: »Businessplan – das mach ich doch erst, wenn ich Gründungszuschuss beantragen will, also ganz am Ende …«

Oder Sie sind überzeugt: »Quatsch, Businessplan – ich will weder investieren noch einen Kredit beantragen, wozu also der ganze Aufwand …« Denn viele Gründer empfinden das Abfassen eines Businessplans nur als notwendiges Übel bei der Beantragung von Fördermitteln und glauben, es reiche, einfach irgendetwas zu Papier zu bringen, das möglichst gut klingt und die Geldgeber überzeugt. Doch ein Businessplan ist weitaus mehr als ein Blatt Papier, das Sie füllen müssen, um an Geld zu kommen: Nutzen Sie den Businessplan als optimale Möglichkeit, sich strukturiert über Ihre Ziele, Ihr Geschäftskonzept, Ihre Marktposition und Ihre finanziellen Mittel klar zu werden – es gibt keine besser Methode dafür.
Ihr Businessplan hilft Ihnen, Ihre Geschäftsidee zu überdenken und zu konkretisieren. Er zeigt Ihnen, wie Sie die Stärken Ihres Unternehmens ausbauen und die Schwächen verringern. Und Sie legen damit Ihre Strategie bezüglich Organisation des Unternehmens, Werbung und Umgang mit Kunden fest. Der Businessplan bietet Ihnen also eine echte Chance, Ihr Unternehmen von vornherein optimal am Markt zu positionieren. Und er fungiert dabei gleichzeitig als ausgefeilter Marketingplan. Denn nur, wenn Sie wissen, was Sie wollen und zu welchen Mitteln Sie greifen müssen, um Ihr Ziel zu erreichen, werden Sie als Unternehmer Erfolg haben. Daher sollte der Businessplan ganz am Anfang Ihrer Gründung stehen.

! Ein Businessplan hilft Ihnen, Ihre Strategie zu bestimmen und bietet eine erste Orientierung. Aber Ihre Planung einmal formuliert zu haben, bedeutet nicht, dass Sie für immer auf sie festgelegt sind. Es wird immer passieren, dass Dinge anders laufen als geplant, und Sie werden Erfahrungen machen, die Ihre anfänglichen Ideen verändern können. Das ist völlig normal. Doch gerade damit Sie auf Unvorhergesehenes besser vorbereitet sind, hilft diese strukturierte Planung bei allen weiteren Gründungsschritten.

Formales: Worauf sollten Sie achten?

Auch wenn Sie einen Businessplan für sich selbst nutzen, um sich Ihre Idee vor Augen zu führen: In der Regel benötigen Sie ihn natürlich für eine externe Präsentation und um mögliche Geldgeber zu überzeugen. Um einen optimalen Businessplan zu erstellen, sollten Sie Sie die folgenden Punkte beachten:

- ❑ Lassen Sie sich für die Ausarbeitung einer guten Planung genügend Zeit: Eine Geschäftsidee entwickelt sich meist nicht von heute auf morgen, sondern reift Stück für Stück. Notieren Sie Ihre Ideen und bearbeiten Sie diese nach und nach. Gehen Sie dabei systematisch ans Werk und orientieren Sie sich an der in diesem Buch vorgegebenen Struktur.
- ❑ Damit Ihr Businessplan schließlich durch inhaltliche Logik überzeugt, sollten alle Ideen, Annahmen, Kalkulationen und Prognosen aufeinander abgestimmt sein. Auch wenn mehrere Personen am Erstellen des Plans beteiligt waren, sollte er möglichst wirken wie aus einem Guss. Achten Sie daher auch auf einen einheitlichen Schreibstil.
- ❑ Wichtig bei der Gestaltung ist eine klare Struktur. Ihr Leser sollte auch in kurzer Zeit in der Lage sein, die wichtigsten Punkte zu überblicken. Bereits bei einem ersten Querlesen sollten Chancen und Risiken einer Unternehmung klar erkennbar sein. Konzentrieren Sie sich daher beim Erstellen auf das Wesentliche.
- ❑ Der Businessplan sollte so viele Informationen wie nötig enthalten, aber so knapp wie möglich sein. Ein guter Richtwert sind 25 bis 30 Seiten, keinesfalls mehr. Aber: Verzichten Sie auf unnötige Ausschmückungen, um die Seiten zu füllen. Stellen Sie besser prägnant und übersichtlich die wichtigsten Argumente dar, die für Ihre Geschäftsidee sprechen. Untermauern Sie die Fakten durch wissenschaftliche Untersuchungen, Marktforschungsstudien, die Verkaufszahlen von Konkurrenzprodukten – oder zumindest durch eine kleine Umfrage unter potenziellen Kunden.

- ❏ Der Businessplan sollte Ihr Gründungsvorhaben aussagekräftig, nachvollziehbar, logisch und sachlich darstellen. Ihre höchstwahrscheinlich vorhandene eigene Begeisterung über Ihr Projekt sollte Sie nicht zu emotionalen oder überschwänglichen Aussagen verleiten, die einer sachlichen Überprüfung nicht standhalten. Bleiben Sie bei den Fakten, die sie durch Studien belegen!
- ❏ Der Businessplan sollte in einer für Laien verständlichen Sprache geschrieben sein, auch wenn es um komplizierte technische Produkte geht. Denn Ihre Kapitalgeber verstehen wahrscheinlich nichts von den technischen Einzelheiten. Abbildungen unterstreichen die Verständlichkeit.
- ❏ Mit dem Businessplan müssen Sie sich und Ihre Idee verkaufen. Wählen Sie daher Ihre Worte sorgfältig und achten Sie darauf, dass Ihr Text überzeugend wirkt. Aber übertreiben Sie nicht: Reine Verkaufstexte wirken schnell aufgesetzt.
- ❏ Der Plan sollte ein gut lesbares Layout haben, optisch ansprechend aussehen und eine Einheit bilden. Beschränken Sie sich auf nur eine Schriftart, achten Sie auf die saubere Einbindung von Grafiken und Diagrammen, verwenden Sie hochwertiges Papier und drucken Sie, falls bereits vorhanden, Ihr Firmenlogo auf. Lassen Sie Ihren Businessplan von einem Fachmann sauber binden. Es braucht keine aufwendige Hochglanzbroschüre zu sein, aber heften Sie die Blätter auch nicht einfach zusammen.

Tipp Einer der häufigsten Fehler, die beim Erstellen eines Businessplans gemacht werden: Der Existenzgründer geht zu sehr von sich aus. Er schreibt im Eifer der eigenen Begeisterung über seine Idee, ergeht sich in Details – und verliert dabei Geldgeber und Kunden völlig aus den Augen. Besser: Nehmen Sie die Perspektive Ihrer Investoren und Kunden ein, versuchen Sie, sich in deren Situation hineinzuversetzen und den Businessplan aus deren Blickwinkel zu sehen. Schreiben Sie den Businessplan, den Sie selbst gerne lesen würden, auch wenn sie keine Ahnung von der Materie hätten. Überprüfen Sie Ihren Plan daher immer wieder auf Verständlichkeit und innere Stimmigkeit oder geben Sie ihn Testlesern, die Schwachstellen aufdecken können.

Inhalt: Was steht in einem Businessplan?

Tipp In den folgende Abschnitten zum Thema Businessplan finden Sie auch jeweils eine Aufzählung wichtiger Leitfragen (»Folgende Punkte sollten Sie berücksichtigen«). Natürlich müssen Sie nicht jede dieser Fragen in Ihrem Businessplan beantworten – schon gar nicht mit gleicher Tiefe und Ausführlichkeit. Doch diese Leitfragen können Ihnen eine Orientierung geben, auf welche Aspekte es wesentlich ankommt.

Ein Businessplan sollte jedoch nicht nur formalen Ansprüchen genügen, sondern auch eine Reihe von inhaltlichen Punkten abdecken. Nachfolgend finden Sie zunächst eine Übersicht zu den Unterlagen, die in einem Businessplan enthalten sein sollten – und zwar in der hier aufgelisteten Reihenfolge. Danach werden die wichtigsten Punkte eines Businessplans noch einmal in eigenen Abschnitten ausführlicher erläutert. Am Ende der letzten Abschnitte, die der finanziellen Seite gewidmet sind, etwa Ihrer Kapitalbedarfsermittlung, finden Sie Kopiervorlagen für Ihren eigenen Businessplan.

Aufbau eines Businessplans im Überblick

- ❑ Deckblatt: Titel, Name des Unternehmers, Anschrift, Telefonnummer. Falls bereits vorhanden: Adresse des Unternehmens, Steuernummer beziehungsweise Umsatzsteueridentifikationsnummer
- ❑ Wer gründet das Unternehmen? Ausbildung und beruflicher Werdegang des Gründers sowie seine Branchenerfahrung (vor allem die für die Gründung wichtigen Qualifikationen). Wenn Sie den Businessplan potenziellen Geldgebern präsentieren wollen, müssen Sie an dieser Stelle einen tabellarischen Lebenslauf beifügen.
- ❑ Konzept: detaillierte Beschreibung der Geschäftsidee
- ❑ Kapitalbedarfsplan
- ❑ Finanzierungsplan
- ❑ Ertragsvorschau: Ihre realistischen Umsatz-, Kosten- und Gewinnerwartungen, basierend auf Marktuntersuchungen oder den Absatzzahlen von Konkurrenzprodukten
- ❑ Liquiditätsplan: Gegenüberstellung von Ein- und Auszahlungen
- ❑ Anlagen: Miet-, Kooperations-, Gesellschafts-, Kauf- oder Franchiseverträge sollten Sie als Anlage beifügen. Wenn diese noch nicht vorhanden sind: Legen Sie die Entwürfe bei. Wenn Sie keine Neugründung wagen, sondern eine anderes Unternehmen kaufen, sich daran beteiligen oder als Franchisenehmer agieren wollen, sollten Sie aktuelle Bilanzen des jeweiligen Unternehmens beilegen.

Unternehmensführung

Kapitalgeber wollen meist zuerst wissen, wer das überhaupt ist, dem sie ihr Geld anvertrauen sollen. Denn Geld zu verleihen, ist eine Vertrauensfrage, und die Darstellung Ihres Managements sollte von Anfang an dieses Vertrauen wecken. Daher gehört dieser Punkt an den Anfang eines Businessplans, noch vor das Konzept. Außerdem sollten Sie an dieser Stelle die Lebensläufe aller aufgeführten Personen beilegen.

Der Existenzgründer

Präsentieren Sie sich zunächst selbst. Selbst wenn der Businessplan nicht für Geldgeber bestimmt ist, ist dieser Abschnitt auch für Sie nützlich, denn Sie können hier Ihre eigenen Motive und Qualifikationen noch einmal gründlich abklopfen. Aber: Bleiben Sie bei der Wahrheit – mit einem fingierten Lebenslauf kicken Sie sich schnell selbst ins Aus. Aber vermeiden Sie ebenso Untertreibungen. Versuchen Sie viel eher, die Perspektive Ihrer potenziellen Geldgeber einzunehmen: Unter welchen Voraussetzungen würden Sie in sich selbst investieren? Wie würden Sie Ihr eigenes Vertrauen gewinnen?

z.B.

»Ich bin der Bernd und möchte Sonnenbrillen bei Ebay verkaufen, weil ich gerne in der Sonne liege und Computer mag …« Tatsächlich soll es Gründer geben, die derartige Motivationen vorbringen. Doch das wäre erstens zu knapp und zweitens: Die Motivation mag zwar ehrlich sein, vermittelt Geldgebern jedoch den Eindruck, dass der Gründer keinerlei Perspektive hat und das Geld daher schlecht angelegt ist.

Denn vor allem geht es Kapitalgebern darum, zu erfahren, ob Sie ein ausreichendes Know-how für eine erfolgreiche Gründung besitzen; verfassen Sie Ihre Selbstdarstellung also unter besonderer Berücksichtigung dieses Gesichtspunktes. Besonders wichtig sind dabei jene Qualifikationen, die für die Umsetzung Ihres Vorhabens von Bedeutung sind – Berufserfahrung und bereits erzielte Erfolge zählen mehr als akademische Grade.

Folgende Punkte sollten Sie berücksichtigen:

- ❑ Wer sind Sie?
- ❑ Wo stehen Sie zurzeit beruflich?
- ❑ Warum wollen Sie dieses Unternehmen gründen?
- ❑ Wie ist Ihr beruflicher Werdegang?
- ❑ Welche beruflichen Erfolge haben Sie bereits erzielt?

- ❏ Welche Erfahrungen in dieser Branche haben Sie schon?
- ❏ Haben Sie bereits Kontakte zu möglichen Kunden und Geschäftspartnern?
- ❏ Wie gut und dauerhaft sind diese Kontakte?
- ❏ Sind diese Kontakte an Ihre jetzige Tätigkeit gekoppelt oder bestehen sie unabhängig davon?

Die Struktur der Unternehmensführung

Schildern Sie ausführlich, wie Sie ihr Unternehmen führen wollen. Welche Struktur wird in Ihrem Unternehmen herrschen? Wenn Sie nicht selbst das Unternehmen leiten werden, sondern ein Management einstellen oder mit anderen kooperieren, sollten Sie die Schlüsselpersonen Ihres Unternehmens ebenfalls anhand der oben genannten Punkte und mit einem tabellarischen Lebenslauf vorstellen. Zeigen Sie auf, wie die verantwortlichen Schlüsselpersonen miteinander agieren sollen. Möchten Sie mit einer verantwortlichen Position jemanden betrauen, dessen Qualifikationen kaum zum Profil der Position passen, sollten Sie dies – aus Sicht der Geldgeber – ausführlich und gut begründen.

Wenn Sie bei der Ausarbeitung der Gründungsidee von fachkundiger Stelle beraten wurden, sollten Sie diese Berater unbedingt aufführen. Denn es ist ganz klar, dass Sie nicht alles en détail wissen, was zu einer Existenzgründung gehört, und es zeugt von Ihrer Professionalität, wenn Sie sich dies eingestehen. Darüber hinaus ist es in der Regel so, dass fachlich versierte Unternehmensberater, Wirtschaftsprüfer, Anwälte oder Werbeagenturen mehr Erfahrung und Know-how haben als Sie selbst. Kapitalgeber wissen dann, dass Ihre Investitionen in guten Händen sind.

Folgende Punkte sollten Sie berücksichtigen:

- ❏ Wer sind die Eigentümer Ihres Unternehmens (inklusive Verteilung der Anteile)?
- ❏ Wer sind die Schlüsselpersonen in Ihrem Unternehmen?
- ❏ Wie ist deren beruflicher Werdegang?

- ❑ Welche Erfolge wurden bereits erzielt?
- ❑ Welche Erfahrungen besitzen die Schlüsselpersonen bezüglich des Geschäftsvorhabens?
- ❑ Wie sind die Aufgaben im Team verteilt?
- ❑ Wie hoch ist die Vergütung des Managements, welche Leistungsanreize bestehen außerdem?
- ❑ Wie sichern Sie dauerhaft die Führungskompetenz des Managements?
- ❑ Wie lassen sich – gegebenenfalls als Diagramm – die Beziehungen der wichtigsten Schlüsselpersonen in Ihrem Unternehmen darstellen (Management – Lieferanten – Kunden)?

Das Konzept

Eine präzise Beschreibung des Vorhabens bildet den Kern Ihres Businessplans. Bringen Sie die wichtigsten Aspekte Ihres Vorhabens nachvollziehbar auf den Punkt, und denken Sie immer daran: Ein gutes, überzeugendes Konzept ist der Dreh- und Angelpunkt Ihres Businessplans. Mit einem durchdachten Konzept motivieren Sie sich außerdem selbst, engagiert am Erfolg Ihrer Gründung zu arbeiten. Und wenn das Konzept überzeugt, ist das schon der halbe Erfolg bei den Geldgebern.

Tipp Zum Aufbau des Konzepts: Handeln Sie die nachfolgend beschriebenen Punkte Schritt für Schritt in gut lesbarem Fließtext ab. Verwenden Sie zur Gliederung die entsprechenden Zwischenüberschriften; das hilft Ihnen bei der Abfassung und macht den Text für Ihre potenziellen Geschäftspartner besser überblickbar.

Geschäftsidee

Beginnen Sie Ihr Konzept damit, zu erläutern, wie genau Ihre Geschäftsidee aussieht. Welche Dienstleistung wollen Sie erbringen?

Oder welches Produkt verkaufen? Sie sind mit einem Satz fertig? Falsch. Vermitteln Sie, was das Besondere an Ihrer Idee ist. Stellen Sie deutlich heraus, welche besondere Zielsetzung Sie haben und inwieweit Sie sich von der Konkurrenz abheben. Welches ist Ihr Alleinstellungsmerkmal, die sogenannte Unique Selling Proposition (USP)? Arbeiten Sie diese ausführlich heraus, denn kein Aspekt ist besser geeignet, potenzielle Investoren zu überzeugen. Aber die USP gibt Ihnen auch einen ersten Ansatzpunkt für Ihre eigene ausgefeilte Marketingstrategie.

Tipp Vergleichen Sie sich mit anderen Unternehmen der gleichen Branche/des gleichen Marktsegments. Vielleicht ist Ihre Idee doch gar nicht so einzigartig, wie Sie glaubten? Überlegen Sie in solchen Fällen, wie Sie ein bestehendes Produkt/eine bestehende Dienstleistung noch verbessern können.

Arbeiten Sie dann in Ihrem Businessplan heraus, was gerade Ihre Dienstleistung/Ihr Produkt im Vergleich zur Konkurrenz so einzigartig macht und worin der besondere Nutzen für Kunden liegt. Stellen Sie ausführlich dar, worin die (technische) Neuerung Ihres Produktes oder Ihrer Dienstleistung liegt und auf welchem Stand der Entwicklung sich Ihre Idee befindet. Vielleicht ist sie ja schon testweise im Einsatz oder es gibt bei einem Produkt Prototypen? Machen Sie beispielsweise eine kleine Studie mit möglichen Testkunden, die Ihre Idee bewerten. Wenn Ihre Idee erklärungsbedürftig ist, legen Sie Fotos oder Skizzen bei – verzichten aber auf zu viele technische Details, die potenzielle Geldgeber ohnehin nicht verstehen würden!
Beschreiben Sie aber auch Ihr Unternehmen näher: Wählen Sie einen Namen, der nicht geschützt ist, und erläutern Sie, warum es dieser Name sein soll und wie er zu Ihrer Geschäftsidee passt. Erläutern Sie außerdem, welche Rechtsform Ihr Unternehmen haben soll und begründen Sie, wie diese Rechtsform Ihre Geschäftsidee unterstützt (etwa durch steuerliche Vorteile, Begrenzung der Haftung, geringer bürokratischer Aufwand – mehr dazu in Schritt 3 in diesem Buch).

Tipp Bei einer sehr innovativen und bisher völlig unbekannten Geschäftsidee empfiehlt es sich, zusätzlich Hintergrundinformationen (etwa Presseberichte, Studien etc.) beizufügen. Denn auch wenn Innovationen prinzipiell gut sind: Wenn eine Idee so neu ist, dass sie niemand kennt, ist der Kundennutzen möglicherweise gar nicht gegeben. Und das irritiert Kunden wie Kapitalgeber – wer kauft schon gerne die Katze im Sack?

Folgende Punkte sollten Sie berücksichtigen:

- ❑ Was ist das Besondere an Ihrer Geschäftsidee?
- ❑ Wie lässt sich Ihr Produkt/Ihre Dienstleistung präzise und detailliert beschreiben?
- ❑ Welches Alleinstellungsmerkmal hat Ihr Produkt/Ihre Dienstleistung, worin liegt die Innovation Ihrer Idee?
- ❑ Ist Ihre Idee noch nicht auf dem Markt? Wenn nein, warum nicht? Wenn ja, liegen Rechte oder Patente in den Händen von Konkurrenzunternehmen?
- ❑ Welche Kundenbedürfnisse befriedigt Ihr Produkt/Ihre Dienstleistung?
- ❑ Was ist noch erforderlich, um den Kundennutzen zu realisieren?
- ❑ In welchem Umfang wollen Sie Ihr Produkt/Ihre Dienstleistung anbieten?
- ❑ Welche Mittel benötigen Sie zur Herstellung Ihres Produkts/zur Erbringung Ihrer Dienstleistung? Welche der Mittel kaufen Sie von Dritten hinzu?
- ❑ Wer sind Ihre Lieferanten und wie wollen Sie einen Abhängigkeit von ihnen verhindern?
- ❑ In welchem Entwicklungsstadium befindet sich Ihre Idee und welche weitere Entwicklung planen Sie? Wie viel Zeit nimmt diese Weiterentwicklung in Anspruch?
- ❑ Ist Ihr Produkt/Ihre Dienstleistung vom Gesetzgeber zugelassen?
- ❑ Welche Garantien geben Sie?

- ❑ Unter welchem Firmennamen möchten Sie auf dem Markt agieren und warum?
- ❑ Ist der Name bereits geschützt?
- ❑ Welche Rechtsform streben Sie an und warum?
- ❑ Was sind Ihre wichtigsten Erfolgsfaktoren, mit welcher Strategie wollen Sie Ihre Ziele erreichen?
- ❑ Welchen Standort haben Sie für Ihr Unternehmen vorgesehen und warum?
- ❑ Wie viel kosten Erstellung, Lieferung und/oder Bereitstellung Ihres Produktes/Ihrer Dienstleistung?

Branche, Markt, Wettbewerb

In diesem Abschnitt sollten Sie erläutern, wie der Markt in Ihrer Branche aussieht. Sie müssen darlegen, wer Ihre Zielgruppe ist, wie die Konkurrenz aussieht und wie hoch die Absatzchancen sind. Wenn Sie das für sich selbst ausreichend analysieren, ist das der zweite wichtige Schritt auf dem Weg zu einer optimalen Marketingstrategie. Ihre Geldgeber hingegen wollen natürlich sehen, dass Sie sich auf dem Markt gut auskennen.

Tipp Sie wissen nicht, woher Sie die Informationen über Branche und Markt bekommen sollen? Kein Problem: Lesen Sie Branchenzeitschriften, Marktstudien, die Bilanzen von Konkurrenzunternehmen. Suchen Sie im Internet nach Informationen, oder fragen Sie bei Kreditinstituten, der berufsständischen Kammer (zum Beispiel der Industrie- und Handelskammer) oder dem Patentamt nach.

Erstellen Sie eine Übersicht, in der Sie sich selbst im Vergleich zur Ihren Konkurrenzunternehmen nach gleichbleibenden Kriterien bewerten (in unserem Beispiel mit Schulnoten von 1 bis 6). Für Sie selbst steht in unserem Beispiel ein X, für die Konkurrenz ein K. Wenn Sie die einzelnen Punkte mit farbigen Linien verbinden, erhalten Sie eine übersichtliche Kurve, die Ihre Position im Vergleich zu Ihren Mitbewerbern zeigt. Dadurch können Sie Ihre Position gegenüber Ihren Wettbewerbern sofort auf einen Blick überschauen. So könnte eine solche Übersicht[1] aussehen:

Mein Unternehmen im Vergleich zum wichtigsten Wettbewerber	**1**	**2**	**3**	**4**	**5**	**6**
Produkt/Dienstleistung		X		K		
Herstellung	X K					
Marktanteil	K	X				
Standort	K		X			
Serviceleistungen			X	K		
Kosten			X		K	
Management		X		K		
Personal	X		K			
Forschung/Entwicklung		X K				
Vertriebskonzept			X	K		
Werbung		X		K		

Fertigen Sie auch nach der Gründung vierteljährlich eine neue Übersicht mit aktualisierten Informationen an: Daran können Sie jederzeit direkt ablesen, welche Ihrer Stärken Sie im Marketing besonders betonen und welche Schwächen Sie noch verbessern können (mehr zur Marketingstrategie im nächsten Abschnitt).

Geben Sie in diesem Teil Ihres Businessplans außerdem einen Überblick über die Branche, der Ihr Unternehmen angehören wird. Beschreiben Sie zunächst die momentane Marktsituation in diesem Geschäftsfeld: Zeigen Sie, wer die Kunden sind, in welche Gruppen sie

---

1. Nach Röthlingshöfer 2004, 2f.

sich aufteilen lassen (beispielsweise nach Alter, Kaufverhalten, regionalen Unterschieden) und welche Vertriebswege es gibt. Stellen Sie außerdem dar, welche Konkurrenzunternehmen Sie haben, wie Sie den Markt unter sich aufteilen, welche Zulieferer und weitere Dienstleister mit einbezogen sind – und welche Umsätze in der Branche erzielt werden. Beschreiben Sie dann die in den nächsten Jahre zu erwartenden Trends und Entwicklungen in der Branche und Ihre zu erwartenden Absatzchancen.

Tipp Eine Zukunftsbetrachtung erstreckt sich normalerweise über drei bis fünf Jahre, in einigen Branchen jedoch weniger. Sie sollte aber nicht aus haltlosen Spekulationen bestehen. Bringen Sie nur Hypothesen vor, die Sie gut belegen können. Beispiel IT: Hier können Sie absehen, dass neue Entwicklungen die Branche sehr schnell verändern werden.

Folgende Punkte sollten Sie berücksichtigen:

- ❑ Wie und mit welcher Dynamik entwickelt sich Ihre Branche?
- ❑ Welche Rolle spielen Innovation und technologischer Fortschritt?
- ❑ Wie groß sind Umsatz und Absatz insgesamt in Ihrer Branche, welche Renditen werden erzielt?
- ❑ Wie ist der momentane Trend?
- ❑ Wie verläuft die Preisentwicklung?
- ❑ Welche Faktoren beeinflussen Ihre Branche (Wirtschaftslage, Gesetzgebung oder Ähnliches)?
- ❑ Wie hart ist der Wettbewerb in Ihrer Branche? Welche Markteintrittsbarrieren bestehen, und auf welche Weise lassen sich diese überwinden?
- ❑ Welche Konkurrenten bieten ähnliche Produkte/Dienstleistungen, oder welcher Konkurrent könnte in der Lage sein, Ihre Idee zu kopieren?
- ❑ Wie arbeiten Ihre Konkurrenten (Strategie, Vertriebskanäle, Marketing, Profit)?
- ❑ Wie wird Ihre Konkurrenz auf den Markteintritt reagieren? Wie wollen Sie diese Reaktion beantworten?

- ❑ Wie segmentieren Sie den Markt, und wie unterscheiden Sie die Segmente? Wie profitabel sind die einzelnen Segmente?
- ❑ Wer sind Ihre Zielkundengruppen? Wie viele Kunden haben Sie? Wie hoch schätzen Sie deren Umsatzpotenzial ein?
- ❑ Haben Sie bereits Referenzkunden? Wenn nein, wie wollen Sie Referenzkunden gewinnen?
- ❑ Haben Sie Großkunden? Wenn ja, inwieweit sind Sie von diesen abhängig?
- ❑ Welchen Marktanteil streben Sie an?
- ❑ Wie sehen Sie Ihre zukünftige Entwicklung auf dem Markt, und auf welchen Annahmen basieren Ihre Schätzungen?

Vertriebs- und Marketingstrategie

Nicht nur auf eine gute Idee kommt es an – wichtig ist auch, dass Sie diese optimal verkaufen. Eine clevere Marketingstrategie und ein gut funktionierender Vertrieb sowie ein optimaler Kundenservice sind ausschlaggebend für den Erfolg Ihres Unternehmens! Von Anfang an sollte Ihnen klar sein, welche Zielgruppe Sie mit Ihrem Produkt oder Ihrer Dienstleistung ansprechen wollen. Beschreiben Sie Ihre Kunden ganz genau: Alter, Geschlecht, Einkommen, Beruf, Einkaufsverhalten – je detaillierter, desto besser. Unterschätzen Sie nicht den Aufwand für eine ausgeklügelte Marketingstrategie. Und wenn Sie keine Ahnung haben, wie Sie es richtig anpacken: Ziehen Sie Experten hinzu, die wissen, worauf es ankommt.

! Über die Werbung wollten Sie sich ganz am Ende Gedanken machen, wenn Sie den ganzen Papierkram erledigt haben? Das wäre grundfalsch: Eine Marketingstrategie beinhaltet mehr als nur ein paar Werbemaßnahmen. Die gesamte Vermarktungsstrategie muss genau auf Ihr Unternehmen abgestimmt sein und sollte daher von Anfang mit eingeplant werden.

Beschreiben Sie für Ihren Businessplan, wie Sie Ihr Produkt oder Ihre Dienstleistung verkaufen wollen. Agieren Sie beispielsweise nur vor Ort auf lokaler Ebene oder sprechen Sie auch Kunden überregional an? Ist Ihr Vertriebsweg das Internet, der eigene Laden oder Handelsvertreter? Wenn Sie zahlreiche preiswerte Produkte anbieten, ist vielleicht der Weg über den Großhändler sinnvoll. Denken Sie aber auch daran, dass diese Händler meist eine Gewinnspanne verlangen. Stellen Sie Vergleiche zu Vertrieb und Marketing der Konkurrenz an, aber zeigen Sie dabei auf, was Sie besser machen würden. Machen Sie deutlich, welche Kunden Sie auf welche Weise ansprechen würden.

Zur Entwicklung einer umfassenden Vertriebs- und Marketingstrategie gehört aber auch eine angemessene Preisgestaltung. Kalkulieren Sie dazu alle Kosten für Räume, Material, Personal und Transport und errechnen Sie einen Preis, der zumindest die Kosten deckt. Denken Sie daran: Je aufwendiger der Vertrieb, desto höher die Kosten. Orientieren Sie sich aber auch an den Preisen vergleichbarer Produkte oder Dienstleistungen auf dem Markt. Vor allem wenn Ihr Preis über dem der Konkurrenz liegt, sollten Sie begründen, worin der Mehrwert Ihres Produkts liegt und wie Sie diesen Mehrwert überzeugend Kunden vermitteln können. Überdenken Sie daher auch Ihre Preise im Bezug auf Ihre Zielgruppe und deren Kaufkraft.

Gehen Sie darauf ein, in welchem Umfang Sie Ihr Produkt/Ihre Dienstleistung anbieten wollen und was Sie dazu benötigen. Schildern Sie den Aufbau des Vertriebs: Wenn Sie ein Produkt verkaufen wollen, müssen Sie gegebenenfalls noch Vertriebsmitarbeiter (beispielsweise für Verpackung und Transport) einstellen oder Räumlichkeiten anmieten. Wenn Sie eine Dienstleistung anbieten, brauchen Sie vielleicht Servicemitarbeiter und geeignete Arbeitsräume. Machen Sie klar, wie Sie das Kapital in Vertrieb und Marketing investieren werden.

Tipp Bedenken Sie, welches Image Ihrem Unternehmen langfristig anhaften soll, und legen Sie Ihrem Businessplan zumindest Entwürfe für ein stimmiges Corporate Design bei (Firmenname, Logo, Visitenkarten, Broschüren, Internetauftritt).

Stellen Sie schließlich dar, wie Sie Ihre Kunden auf Ihr Produkt oder Ihre Dienstleistung aufmerksam machen wollen. Planen Sie einen besonders niedrigen Preis, wollen Sie dem Kunden einen hohen Nutzwert Ihrer Dienstleistung vermitteln, oder wollen Sie Ihr Produkt zur Marke mit hohem Wiedererkennungswert machen? Entscheiden Sie, welche Marketingmaßnahmen für Sie ideal sind! Zur Auswahl stehen klassische Werbung, Presse- und Öffentlichkeitsarbeit oder Verkaufsförderung durch Stände, auffällige Verpackung, Messen und so weiter. Denken Sie auch daran, das aufwendige Werbekampagnen häufig teuer sind, aber nicht zwangsläufig einen hohen Nutzen bringen: Meist ist es sinnvoller, ein neues Produkt oder eine Dienstleistung schrittweise einzuführen, damit die Kunden sich langsam daran gewöhnen. Gewinnen Sie einige Pilotkunden, die Ihnen als Meinungsbildner gute Referenzen geben.

Folgende Punkte sollten Sie berücksichtigen:

- ❏ Welche Strategie planen Sie zu Einführung Ihres Produkts/Ihrer Dienstleistung? Welche detaillierten Schritte planen Sie? Wie sieht Ihr Zeitplan aus?
- ❏ Welche Zielgruppe wollen Sie über welche Strategie ansprechen und über welche Vertriebskanäle erreichen?
- ❏ Wie lenken Sie die Aufmerksamkeit Ihrer Zielkundengruppe auf Ihr Produkt/Ihre Dienstleistung?
- ❏ Wie viel Zeit und Kapazitäten müssen Sie investieren, um einen Kunden zu gewinnen, und welche Werbemittel nutzen Sie dafür?
- ❏ Welche Bedeutung hat der Kundenservice für Sie?

- ❏ Haben Sie bereits Kontakte zu möglichen Kunden beziehungsweise Geschäftspartnern?
- ❏ Welche Referenzkunden konnten Sie bereits gewinnen?
- ❏ Welchen Endverkaufspreis soll Ihr Produkt/Ihre Dienstleistung erzielen? Welchen Absatz streben Sie an (begründete Schätzung)?
- ❏ Wollen Sie mit einem niedrigen Preis schnell den Markt durchdringen oder von Beginn an einen möglichst hohen Ertrag abschöpfen?
- ❏ Wie sieht Ihre Vertriebsstruktur aus (Personal, Transport, Verkaufsprozess)? Welche Kosten fallen dafür an?
- ❏ Welche Anzahl, Qualifikation und Ausrüstung der Vertriebsmitarbeiter streben Sie an?

Chancen und Risiken für die Zukunft

Auch wenn Sie gerade erst angefangen haben, sollten Sie schon bei der Planung an die Zukunft denken: Denn die Entwicklung Ihres Unternehmens ist in hohem Maße davon abhängig, ob Sie rechtzeitig Chancen nutzen oder Risiken frühzeitig erkennen und ihnen wirkungsvoll begegnen. Besonders junge, schnell wachsende Unternehmen müssen in Ihrer Planung rechtzeitig die Weichen für die Zukunft stellen. Geben Sie daher am Ende Ihres Konzepts einen Ausblick, welche Ziele Sie in den nächsten drei bis fünf Jahren mit ihrem Unternehmen erreichen wollen.

Natürlich klingt eine positive Zukunftsperspektive für Geldgeber immer attraktiver. Seien Sie bei Ihrer Einschätzung aber nicht zu optimistisch und versuchen Sie nicht, Illusionen zu verkaufen. Mit einer realistischen, pragmatischen Einschätzung der Risiken, die Sie aktuell beobachten und die sich mit hoher Wahrscheinlichkeit einstellen werden, verschaffen Sie sich Respekt und hinterlassen einen guten Eindruck als verantwortungsbewusster Unternehmer. Wichtig ist dabei nicht nur, welche Konsequenzen diese Risiken für Ihr Unternehmen haben könnten, sondern vor allem auch, wie Sie auf sie reagieren können, um das Ausmaß eines möglichen Schadens zu begrenzen. Kalkulieren Sie unbedingt ein, dass auch positive Entwicklungen

Konsequenzen haben können, mit denen Sie noch gar nicht rechnen. Ideal ist daher der Entwurf von zwei entgegengesetzten Szenarien, eines Best Case (der bestmögliche Fall) und eines Worst Case (der schlimmste anzunehmende Fall) – damit zeigen Sie, dass Sie auf alle Eventualitäten vorbereitet sind.

z.B. Frau W. entwirft in ihrem Businessplan das Szenario, dass ihre Idee stark nachgefragt ist. Im Best Case muss sie als Folge davon sehr schnell expandieren, indem sie zusätzliches Personal einstellt und den Vertrieb umstrukturiert. Frau W. kann glaubhaft vorrechnen, dass es ihr mit nur wenigen zusätzlichen Investitionen gelänge, ihre Kapazitäten entsprechend aufzustocken. Im Worst Case kopieren Konkurrenzunternehmen ihre Idee und werben wichtige Mitarbeiter ab. Frau W. kann jedoch zeigen, dass sie die Mitarbeiter mit guten Ideen halten und die Konkurrenz mit einer Marketingoffensive ausstechen kann.

Gehen Sie außerdem darauf ein, welche Kosten in den nächsten Jahren auf Sie zukommen werden. Berücksichtigen Sie Investitionen ebenso wie laufende Kosten, die sowohl durch die Inflation als auch durch eine mögliche Expansion steigen können – etwa die Miete für Räumlichkeiten oder Kosten für technische Geräte. Gehen Sie aber besonders auch auf die Personalkosten ein: Bedenken Sie, dass Sie das Personal möglicherweise aufstocken müssen. Kalkulieren Sie außerdem steigende Lohn- und Lohnnebenkosten ein. Und berücksichtigen Sie unbedingt die Kosten für Weiterbildungen – sowohl für sich als auch für Ihre Mitarbeiter. Denn ein Wissensvorsprung vor der Konkurrenz ist ein entscheidender Wettbewerbsvorteil!

Folgende Punkte sollten Sie berücksichtigen:

- ❏ Welche Chancen und Risiken bestehen für Ihr Geschäftsvorhaben, beispielsweise im Hinblick auf Technologie, Kundenverhalten, Wettbewerb und Konkurrenz?
- ❏ In welchen Bereichen Ihres Unternehmens müssen Sie beim Eintreten welcher Ereignisse zukünftig die Weichen stellen?
- ❏ Wie wahrscheinlich ist das Eintreten dieser Ereignisse, und wie können Sie diese eventuell im Vorfeld verhindern?
- ❏ Wie werden Sie Ihre Pläne an mögliche Veränderungen anpassen, welche Alternativen sehen Sie für Ihr Unternehmen?
- ❏ Welche Vorsichtsmaßnahmen halten Sie für sinnvoll, und welche Kosten werden diese verursachen?
- ❏ Welche Auswirkungen können Veränderungen haben, wenn Sie nicht reagieren?
- ❏ Inwieweit könnte eine breitere Kapitalbasis helfen?
- ❏ Wie sieht das günstigste und wie das ungünstigste Szenario für die nächsten drei bis fünf Jahre aus?
- ❏ Auf welche Weise können Sie Ihre Kapazitäten kurzfristig dem Bedarf anpassen, und welcher Aufwand und welche Kosten wären damit verbunden?
- ❏ Welche Maßnahmen zur Qualitätssicherung sehen Sie vor?
- ❏ Welchen Personalbedarf erwarten Sie in den nächsten drei bis fünf Jahren? Welche Lohnkosten inklusive Lohnnebenkosten ergeben sich daraus?
- ❏ Welche Leistungen wollen Sie outsourcen?
- ❏ Wie wollen Sie Ihr Personal dauerhaft an Ihr Unternehmen binden, und welche Kosten sind damit verbunden?
- ❏ Welche Kommunikationswege innerhalb des Unternehmens sind geplant? Können sich Mitarbeiter durch eigene Ideen und Verbesserungsvorschläge einbringen?
- ❏ Wie sichern Sie sich dauerhaft einen Wissensvorsprung vor der Konkurrenz (technische Innovation, ständige Weiterbildung aller Mitarbeiter usw.)?
- ❏ Wie beobachten Sie die Konkurrenz?

Kapitalbedarfsplan[2]

Wenn Ihr Konzept steht, sollten Sie sich darüber klar werden, welches Kapital Sie bei Ihrer Gründung benötigen. Listen Sie alle Posten auf, die Sie bei einer Gründung Geld kosten werden – und welchen Betrag jeder einzelne Posten ausmachen wird. Denken Sie dabei beispielsweise nicht nur an die Mieten für Büroräume, sondern auch an die Kosten für Renovierung und Einrichtung oder an die Mietkaution. Berücksichtigen Sie zudem, dass Sie und Ihre Familie von etwas leben müssen. Diese Übersicht dient zunächst Ihnen als Überblick darüber, welche Summe Sie für Ihre Existenzgründung benötigen. Gleichzeitig zeigen Sie mit einem Kapitalbedarfsplan aber auch zukünftigen Investoren, wie Sie deren Geld investieren werden.

Langfristige Investitionen	**Euro**
Grundstücke und Gebäude	
Renovierungskosten/Nebenkosten	
Betriebsausstattung (Büroeinrichtung, Maschinen etc.)	
Fahrzeuge	
Warenerstausstattung	
Kaufpreis/Übernahmepreis	
Summe	

Mittel- und kurzfristige Investitionen	**Euro**
Material und Warenlager	
Reserve für Unvorhergesehenes	
Rohstoffe, Hilfs- und Betriebsstoffe	
Summe	

2. Quelle der Businessplan-Formulare: Industrie- und Handelskammer.

Gründungsnebenkosten (einmalige)	**Euro**
Mietkaution	
Anmeldungen/Genehmigungen	
Patent-, Lizenz-, Franchisegebühr	
Beratungen	
Notar/Handelsregister	
Markteinführung	
Aus- und Weiterbildungskosten	
Sonstiges	
Summe	

Betriebsmittel	**Euro**
Anlaufkosten	
Courtage	
Vorfinanzierung von Aufträgen/Forderungen	
Sonstiges	
Summe	

Lebensunterhalt der Familie	**Euro**
Miete für Privatwohnung	
Soziale Absicherung (Kranken-, Pflege-, Rentenversicherung etc.)	
Sonstige vertragliche Verpflichtungen	
Anteilige private Nutzung PKW	
Reserven/Rücklagen (Urlaub etc.)	
Summe	

Gesamter Kapitalbedarf:	

Liquiditätsplan

Doch nicht nur die Finanzierung der Existenzgründung muss geklärt sein, Ihr Unternehmen muss darüber hinaus zu jedem Zeitpunkt flüssig sein, um unvorhergesehene Ausgaben decken zu können. Es ist sehr wichtig, hier den Überblick zu behalten, denn liquide bleibt Ihr Unternehmen nur dann, wenn die Summe der Einzahlungen insgesamt größer ist als die Summe der Auszahlungen. Für Zeiträume, in denen das laut Planung nicht zutrifft, müssen Sie Kapital zuführen. Zahlungsunfähigkeit oder gar Insolvenz bedeutet das Aus für Ihr Unternehmen.

Das Schreiben und das Versenden einer Rechnung bedeuten noch nicht, dass das Geld schon in der Kasse ist. Es kann oft Wochen dauern, bis die Rechnung tatsächlich bezahlt ist. Bei manchen Kunden sind sogar Mahnungen notwendig. Viel wichtiger als der Rechnungszeitpunkt ist daher der tatsächliche Zahlungszeitpunkt.

Erfassen Sie in Ihrem Liquiditätsplan dauerhaft, welche Ein- und Auszahlungen wann und zu welcher Höhe getätigt werden. Für das erste Jahr sollten Sie Ihre Liquiditätsplanung monatlich, mindestens aber vierteljährlich machen. Ab dem zweiten Jahr reicht eine vierteljährliche Liquiditätsplanung, im vierten und fünften Jahr eine halbjährliche. Auf diese Weise verschaffen Sie sich einen sehr guten Überblick über Ihre Liquidität und lernen, diese für die Zukunft richtig einzuschätzen. Und je länger Sie in die Zukunft blicken, desto größer wird natürlich auch Ihre Planungssicherheit.

! In den Liquiditätsplan gehören aber nur solche Vorgänge, die direkt zu einer Änderung des Barmittel-Bestandes führen. Abschreibungen, Rückstellungen und aktivierte Eigenleistungen gehören dagegen nicht hinein.

Liquiditätsplan				
	Quartal 1	**Quartal 2**	**Quartal 3**	**Quartal 4**
Bestand an liquiden Mitteln (zu Beginn jeden Quartals)				
Kasse				
Bank				
Freier Kreditrahmen				
Überschuss Vormonat				
Summe liquider Mittel				
Einzahlungen aus				
Forderungen				
Barverkäufen				
Kundenanzahlungen				
Sonstigen Einzahlungen				
Summe Liquiditätszugang				
Auszahlungen für				
Investitionen				
Material/Waren				
Bareinkäufe				
Lohn, Gehalt, soziale Aufwendungen				
Miete, Nebenkosten				
betriebliche Versicherungen				
übrige Betriebsausgaben				
Zinsen				

Tilgung, Kredite				
Steuern				
Sonstige Ausgaben				
Privatentnahmen				
Fehlbetrag Vormonat				
Summe Liquiditätsabgang				
Summe liquider Mittel				
Summe Liquiditätszugang				
Summe Liquiditätsabgang				
Überschuss/Fehlbetrag				

Rentabilitäts-/Ertragsvorschau

Schließlich sollten Sie eine Übersicht darüber erstellen, ob Ihr Unternehmen dauerhaft tragbar ist. Nicht nur potenzielle Geldgeber wollen so etwas natürlich wissen, auch Sie selbst überprüfen mit einer Rentabilitätsvorschau (auch Ertragsvorschau genannt) die Erfolgschancen Ihres Leistungsangebotes für die nächsten drei bis fünf Jahre. Dieser Punkt ist zentral für den Erfolg Ihrer Existenzgründung, denn dadurch können Sie prüfen, ob Sie mit Ihrem Vorhaben eine tragfähige Vollexistenz erreichen und Ihre Investoren sehen, ob Sie Ihren künftigen finanziellen Verpflichtungen nachkommen können. Schließlich sollten Sie mit Ihrer Dienstleistung oder Ihrem Produkt nicht nur genug einnehmen, sondern auch Ihre Ausgaben stets im Blick haben.
Erstellen Sie eine Vorschau, in der Sie Gewinne und Betriebsausgaben der nächsten drei bis fünf Jahre gegeneinander aufrechnen und so den Ertrag und damit die Rentabilität Ihres Unternehmens errechnen. Achten Sie darauf, dass Ihre geschäftlichen Erwartungen mit Ihren individuellen betrieblichen Kapazitäten übereinstimmen. Erläutern

Sie in einem zusätzlichen Text Ihre Umsatzprognose, stellen Sie aufgrund von Vergleichen mit der Konkurrenz, Studien oder Marktbeobachtungen dar, warum Sie einen bestimmten Umsatz erwarten. Da der Geschäftserfolg in der Aufbauphase meist geringer ist und später als geplant eintritt, sollten Sie dabei allerdings eine zu optimistische Darstellung vermeiden. Lassen sich die Absatzchancen für Ihr Produkt/Ihre Dienstleistung nur schwer abschätzen, bietet eine zunächst auf Kostendeckung angelegte Planung eine grobe Orientierung.

Folgende Punkte sollten Sie berücksichtigen:

- ❑ Setzen Sie Umsätze (beziehungsweise Erlöse, Provisionen), Waren- und Materialeinsatz ohne Mehrwertsteuer an.
- ❑ Für Unternehmen mit verschiedenen Geschäftszweigen (zum Beispiel Handel und Dienstleistungen) sollten die Umsätze/Erlöse separat ausgewiesen werden.
- ❑ Alle Kosten beziehen sich auf den Gewerbebetrieb, nicht auf den privaten Sektor.
- ❑ Die Personalkosten sollten nicht nur die Bruttogehälter und -löhne enthalten, sondern auch die Arbeitgeberanteile zur Sozialversicherung und freiwillige soziale Aufwendungen.
- ❑ Berücksichtigen Sie in der Ertragsvorschau die Kreditzinsen; die Tilgungsbeträge sind von den Überschüssen aufzubringen.
- ❑ »Abschreibung« ist der Begriff für die Absetzung kalkulatorischer Beträge für die Abnutzung der Sachanlagen; sie umfasst auch die Abschreibung geringwertiger Wirtschaftsgüter.

Rentabilitätsvorschau für die ersten drei Jahre			
	1. Jahr	**2. Jahr**	**3. Jahr**
Erwarteter Umsatz			
– Mehrwertsteuer			
– Wareneinsatz			
= Rohgewinn I			
– Personalkosten			
= Rohgewinn II			

Sachgemeinkosten			
Maschinen-Leasing			
Miete			
Raumkosten			
– Heizung			
– Strom/Gas			
– Wasser			
Gesamt			
Fahrzeugkosten			
– Kfz-Leasing			
– Kfz-Steuern			
– Kfz-Versicherung			
– Benzin			
– Instandhaltung			
Gesamt			
Werbung			
– Eröffnungswerbung			
– laufende Werbung			
– Reisekosten/Messen/Weiterbildung			
– Repräsentation/Bewirtung			
Gesamt			
Büro			
Bürobedarf			
Telefon/Handy			
Fax			
Internet			
Porto			
Gesamt			
Steuern/Versicherungen/Sonstiges			
Steuerberater/Rechtsberatung			

Buchhaltung			
Steuervorauszahlungen			
Versicherungsbeiträge			
Zinsen für Fremdkapital			
Abschreibungen			
sonstige Kosten			
Gesamt			
Gewinn vor Steuern			

Schritt 2: Finanzierung

»Ohne Moos nichts los« – diese Volksweisheit gilt leider auch für Existenzgründer. Denn: Wer sein eigener Chef werden will, muss zunächst investieren. Maschinen, Anlagen, aber auch ein Warenlager oder Rohstoffe kosten eine Menge Geld, dass Sie erst einmal aufbringen müssen, bevor Sie produzieren, verkaufen und damit einen Gewinn erzielen können. Und selbst wenn Sie gar keine Produktions- und Rohstoffkosten haben, sondern eine Dienstleistung erbringen, und das auch noch kostensparend in den eigenen vier Wänden: Ausgaben haben Sie dennoch. Denken Sie nur an die Kosten für Werbung oder Akquise, für das Auto, erste Telefonate, Strom, Software und sonstige Arbeitsmaterialien. Und selbst die Gründung kostet bereits Geld: Informationsmaterial, Berater, der Gewerbeschein, gegebenenfalls auch der Eintrag ins Handelsregister und der Notar sind zu bezahlen. Und schließlich müssen Sie – und auch Ihre Familie – während der Gründungsphase natürlich von irgendetwas leben; daher zählen auch die ganz normalen Lebenshaltungskosten zu Ihren Kosten – zumindest, bis Sie das Geld dafür durch Ihre Arbeit wieder eingefahren haben. Bis dahin müssen Sie den nötigen Betrag irgendwie anders aufbringen.

Welche Finanzierungen und Fördermittel gibt es?

Es gibt zahlreiche Möglichkeiten, eine Existenzgründung zu finanzieren – von staatlichen Förder- und Kreditprogrammen über Bankkredite bis hin zu privaten Investoren reicht die Palette. Es ist aber nicht nur wichtig, im Angebotsdschungel den Durchblick zu bekommen und zu bewahren, sondern auch das für Sie beste und passendste Angebot auszuwählen. Daher finden Sie nachfolgend einen Überblick über die wichtigsten Finanzierungsmöglichkeiten.

Tipp Unterscheiden Sie Eigen- und Fremdkapital. Eigenkapital steht Ihrem Unternehmen dauerhaft zur Verfügung und muss nicht zurückgezahlt werden. Fremdkapital muss hingegen bis zu einem gewissen Zeitpunkt zurückgezahlt werden, in Regel sind zudem Zinszahlungen und Tilgungen zu leisten. Es ist immer besser, mehr Eigenkapital zu haben.

Staatliche Förderprogramme

Bund, Länder und die Europäische Union fördern Existenzgründer und Unternehmer mit zahlreichen Programmen. Diese sind zum Teil regional beschränkt, richten sich an unterschiedliche Zielgruppen und sind für unterschiedliche Bereiche gedacht. Unterschiedlich ist auch die Art der Förderung: So werden zum Beispiel Beratungsleistungen und für die Existenzgründung relevante Weiterbildungen (zum Beispiel das Meister-BAföG, wenn Sie Ihren Handwerksmeister machen wollen) bezuschusst, für Investitionen gibt es zahlreiche Darlehen, und falls Sie einen Kredit bei einer privaten Bank aufnehmen wollen, gibt es Bürgschaftsangebote.

Tipp Eine Übersicht über alle Förderprogramme des Bundes, der Länder und der EU finden Sie auf der Webseite http://www.foerderdatenbank.de. Hier müssen Sie nur die geeigneten Suchkriterien auswählen, um die umfangreiche Datenbank zu durchsuchen.

Die wichtigsten Förderprogramme sind die Kreditprogramme der KfW-Mittelstandsbanken, weshalb diese nachfolgend kurz vorgestellt werden sollen. In der Regel ist eine Finanzierung über die KfW für Gründer günstiger als ein Kredit bei einer privaten Bank. Gleichzeitig erleichtert die Teilnahme an einem Förderprogramm der KfW jedoch auch die Aufnahme zusätzlicher Darlehen bei einem Kreditinstitut. Folgende Programme bietet die KfW an:

KfW-StartGeld

Mit dem KfW-StartGeld werden seit dem 1. Januar 2008 Existenzgründer, Freiberufler und kleine Unternehmen, die weniger als drei Jahre am Markt tätig sind und deren Gesamtfremdfinanzierungsbedarf nicht mehr als 50.000 Euro beträgt, gefördert. Das Programm fasst die bisherigen Förderprogramme Mikro-Darlehen und Start-Geld zusammen. Die Gründer erhalten bis zu 100 Prozent des Gesamtfremdfinanzierungsbedarfs (Investitionen und Betriebsmittel) und 80 Prozent Haftungsfreistellung für die Hausbank und dadurch einen erleichterten Zugang zu einem Darlehen. Außerdem kann auch eine nebenberufliche Selbstständigkeit gefördert werden, wenn diese allmählich in eine Haupttätigkeit übergeht. Die Anlaufzeit ist tilgungsfrei, danach ist eine vorzeitige Tilgung des Kredits jederzeit kostenfrei möglich.

Unternehmerkapital

Mit dem Unternehmerkapital bietet die KfW Mittelstandsbank Unternehmen langfristige Nachrangdarlehen an. Nachrangdarlehen zeichnen sich dadurch aus, dass der Darlehensgeber im Rang hinter die Forderungen aller übrigen Fremdkapitalgeber zurücktritt und die Darlehen somit eine eigenkapitalnahe Funktion haben. Die Banken werden durch den Bund beziehungsweise die KfW Mittelstandsbank vom Ausfallrisiko des Nachrangkapitals entlastet, daher sind in der Regel keine Sicherheiten erforderlich. Allerdings haftet der Endkreditnehmer persönlich für die Rückzahlung des Darlehens. Nachrangdarlehen bündeln damit die Vorteile von Fremd- und Eigenkapital, verbessern auf diese Weise die Bonität eines Unternehmens und erleichtern ihm den Zugang zu weiteren Finanzierungsmitteln. Gründer und Wachstumsunternehmen erhalten verbilligte Zinssätze aus dem ERP-Sondervermögen. Für Nachrangdarlehen an Wachstumsunternehmen und etablierte Unternehmen gelten differenzierte Zinssätze, die sich an der Bonität orientieren. Unternehmen mit guter Bonität profitieren von niedrigen Zinssätzen, schwächere Unternehmen erhalten ebenfalls Kapital, jedoch zu einem risikogerechten Preis.

Da jedes Unternehmen unterschiedliche Entwicklungsphasen durchläuft, ist das Unternehmerkapital in drei Bausteine mit unterschiedlichen Zielgruppen gesplittet: Das ERP-Kapital für Gründung ist für Existenzgründer und junge Unternehmer bis zwei Jahre nach der Gründung gedacht, das ERP-Kapital für Wachstum spricht Unternehmen an, deren Geschäftsaufnahme mehr als zwei und höchstens fünf Jahre zurückliegt, und das Kapital für Arbeit und Investitionen richtet sich an etablierte Unternehmen, die seit mehr als fünf Jahren am Markt sind.

Unternehmerkredit

Der Unternehmerkredit steht Existenzgründern, Freiberuflern und gewerblichen Unternehmen zur Verfügung, die in Deutschland investieren wollen. Mit der Betriebsmittelvariante des Unternehmerkredits können Betriebsmittel finanziert oder vorübergehende Liquiditätsengpässe ausgeglichen werden.Der Unternehmerkredit ist eine hundertprozentige Finanzierung zu attraktiven Festzinssätzen mit bis zu 10 oder 20 Jahren Zinsbindung und einer tilgungsfreien Anlaufzeit (vorzeitige Tilgung jederzeit kostenfrei möglich). Der Unternehmerkredit ist kombinierbar mit anderen KfW-Programmen und öffentlichen Fördermitteln. Seit 2007 gibt es die 50-prozentige Haftungsfreistellung für Unternehmen und Freiberufler, die seit zwei Jahren am Markt tätig sind. Für Investitionen kleiner und mittlerer Unternehmen im Ausland bietet der Unternehmerkredit Ausland langfristige und zinsgünstige Darlehen.

Banken

Banken sind meist der erste Ansprechpartner, wenn es um Ihr Startkapital als Existenzgründer geht. Allerdings erhalten Sie im Unterschied zu den staatlichen Förderprogrammen von einer Bank nur Fremdkapital, das Sie nach einer bestimmten Zeit mit banküblichen Zinsen wieder zurückzahlen müssen. Dabei wird der Darlehensbetrag in einer Summe bereitgestellt. Die Rückzahlung erfolgt in festgelegten Raten oder in einer Summe am Ende der Laufzeit. Ein Darlehen kann

! Brauchen Sie ein Geschäftskonto? Die allgemeinen Geschäftsbedingungen (AGB) vieler Banken schreiben vor, dass Sie als Unternehmer, ganz gleich ob Einzelunternehmer oder GmbH, ein Geschäftskonto eröffnen müssen, das in der Regel teurer ist als ein privates Girokonto. Gesetzlich ist dazu jedoch nichts festgeschrieben. Generell gilt: Als kleiner Dienstleister mit überschaubaren Zahlungseingängen reicht auch das private Girokonto. Sobald Sie jedoch Kunden haben, die Produkte bei Ihnen kaufen, empfiehlt sich ein Geschäftskonto, dass auch elektronische Zahlungseingänge möglich macht.

langfristig (ab vier Jahre Laufzeit), mittelfristig (ab sechs Monate) oder kurzfristig (bis sechs Monate) gewährt werden. Die Laufzeit sollten Sie an der Abschreibungsdauer des Investitionsobjektes orientieren. Die Auswahl der geeigneten Bank sollten Sie nicht dem Zufall überlassen: Jede Bank bietet andere Darlehensformen, Zinssätze und Tilgungsformen an. Am besten holen Sie Angebote verschiedener Banken ein und vergleichen sie sehr genau.

Kreditformen im Überblick

- Investitionskredite sind Darlehen zur Finanzierung von Anschaffungen.
- Warenfinanzierungen oder Barvorschüsse sind Barkredite, die meist auf Sonderkonten verbucht sind und oft nur kurzfristig endfällig eingeräumt werden.
- Von strukturierten Krediten wird gesprochen, wenn neben der eigentlichen Kreditgewährung weitere Absprachen wie zur Begrenzung künftiger Zinssätze oder Umschuldungsvereinbarungen für Folgeperioden vertraglich vereinbart werden.
- Betriebsmittelkredite sind Barkredite zur Finanzierung des Umlaufvermögens, die häufig auf laufenden Konten gewährt werden. In der Regel sind sie als revolvierende Kredite ausgestaltet und erlauben nach Reduzierung wieder die volle Inanspruchnahme. Zusätzlich zu den Zinsen können Kreditprovisionen für nicht in Anspruch genommene Krediteteile vom Kreditgeber geltend gemacht werden.

- Schuldscheindarlehen sind Kredite, die durch Banken oder durch andere Investoren, gewährt werden.
- Rembourskredite und Akzeptkredite sind Kreditinstrumente im Außenhandel. Hier treten Banken in die Haftung für Wechsel durch Akzept ein und verbessern durch ihre Mithaftung die Bonität der Wechsel.
- Avalkredite sind Kreditlinien für die Übernahme von Bürgschaften und Garantien durch Banken beispielsweise für Gewährleistung, Zölle oder erhaltene Anzahlungen.
- Akkreditivlinien dienen der Finanzierung vom Importgeschäften.
- Diskontkredite werden für den Ankauf von Wechseln eingeräumt.
- Ein Kontokorrentkredit kann innerhalb einer festgesetzten Laufzeit bis zu einer vereinbarten Kredithöhe in Anspruch genommen werden. Er entspricht dem Dispositionskredit für Privatpersonen. In der Regel ist er finanziell ungünstiger als andere Krediformen, da er höher verzinst wird; dafür ist er aber flexibler.

Die Höhe des Zinssatzes ist häufig von verschiedenen Faktoren abhängig: Von der Kreditform, vom Verwendungszweck (beispielsweise zur Deckung von laufenden Kosten oder für Investitionen), aber auch davon, ob und wie viel Eigenkapital Sie mitbringen, ob Sie schon Schulden haben und welchen Wert die Sicherheiten aufweisen. In der Regel gilt: Je besser Ihre Bonität ist und je höher der Wert Ihrer Sicherheiten, desto günstiger ist Ihr Zinssatz. Die meisten Banken werden Ihnen jedoch keinen Kredit gewähren, wenn Sie nicht mindestens einige Sicherheiten vorweisen können. Denn nur in solchen Fällen kann die Bank mit Bestimmtheit davon ausgehen, dass sie ihr Kapital auch zurückerhält. Zu Sicherheiten zählen beispielsweise Immobilien, Grundstücke, Fahrzeuge oder Maschinen. Wenn der Unternehemer zahlungsunfähig ist, verwertet die Bank diese Sicherheiten. Noch vorteilhafter für die Kreditvergabe ist es übrigens, wenn Sie darüber hinaus noch über Eigenkapital verfügen. Einige Banken bieten hingegen spezielle Vermögenssparpläne an, die helfen, das nötige Eigenkapital zu erwerben.

Die Schutzorganisation für allgemeine Kreditsicherung (Schufa) sammelt Daten über Kredite und Bürgschaften und stellt sie Kreditinstituten auf Anfrage zur Verfügung. So kann eine Bank feststellen, ob Sie Ihren bisherigen Kreditverpflichtungen nachgekommen und erneut kreditwürdig sind.

Wenn Sie weder Eigenkapital noch eigene Sicherheiten vorweisen können, kann eine Bürgschaft helfen. Hierfür kommen kreditwürdige Familienmitglieder ebenso infrage wie private Finanziers (die dafür in der Regel eine Gegenleistung verlangen). Eine andere Möglichkeit: Die Bürgschaftsbanken der 16 Bundesländer unterstützen Unternehmensgründer bei Kredit- und Beteiligungsfinanzierungen mit Bürgschaften als Sicherheit für Hausbanken: http://www.vdb-info.de.

Leasing

Wenn Sie investieren wollen, kein Eigenkapital besitzen und keinen Kredit aufnehmen können oder wollen, können Sie das Investitionsgut leasen. Als Leasinggeber kommt entweder ein Finanzinstitut infrage (indirektes Leasing) oder der Hersteller des Gutes (direktes Leasing). Sie als Leasingnehmer zahlen Leasingraten, die in der Regel die Kosten für die Herstellung, die Finanzierung, die Versicherung sowie einen Gewinnaufschlag umfassen und erhalten dafür das Leasinggut zur Nutzung.

Leasingverträge haben ähnlichen Charakter wie Mietverträge. Von der Miete unterscheidet sich Leasing durch die Tatsache, dass die mietvertraglich geschuldete Wartungs- und Instandsetzungsleistung beziehungsweise der Gewährleistungsanspruch auf den Leasingnehmer umgewälzt wird. Dies geschieht im Austausch gegen die Abtretung der Kaufrechte seitens des Leasinggebers und die Finanzierungsfunktion beim Leasing. Der Leasingnehmer trägt hierbei die Sach- und Preisgefahr. Die Leasingkosten sind periodisch wiederkehrende Zahlungen, die parallel zur Nutzung des Leasingobjekts anfallen und die Sie damit als Fixkosten einkalkulieren können. Finanzielle Vorleistungen sind nicht notwendig, da das Objekt sich laufend bei entsprechen-

dem Gewinn selbst finanziert. Nach Ende des Leasingvertrages geht das Leasinggut an den Leasinggeber zurück oder wird an den Leasingnehmer oder einen Dritten veräußert. Wenn Sie es wieder an den Leasinggeber zurückgeben können, entfällt die Entsorgung.
Ihr größter Vorteil bei einem Leasingvertrag ist, dass Sie die finanziellen Mittel nicht sofort aufbringen müssen und liquide bleiben. Was Leasing außerdem interessant macht, ist, dass die Leasingraten steuerlich geltend gemacht werden können, sofern Sie nicht gleichzeitig Eigentum an dem Objekt erwerben (sonst wertet das Finanzamt das Leasing als versteckten Abzahlungskauf). Das ist natürlich nur sinnvoll bei Unternehmen, die Gewinn erwirtschaften. Wenn Ihr Unternehmen hingegen vor Erreichen der Gewinnzone in Insolvenz geht, ist Leasing äußerst nachteilig. Denn da Sie kein Eigentum am Leasinggut erwerben, können Sie es nicht bei Nichtnutzung oder plötzlichem dringenden Geldbedarf einfach verkaufen. Im Gegenteil, auch bei Nichtnutzung müssen Sie die Leasingraten für die gesamte Vertragslaufzeit weiterzahlen. Die Gesamtkosten des Leasings sind, betrachtet man den gesamten Nutzungszeitraum, in der Regel höher als bei einem fremdfinanzierten Kauf des Objektes, weil der Leasinggeber das Ausfallrisiko in den Preis miteinkalkulieren muss und auch einen Gewinn erwirtschaften will.

Venture-Capital-Gesellschaften

Venture-Capital-Gesellschaften sind auf Wachstumsbranchen spezialisierte Investoren. Sie geben Kapital, ohne Sicherheiten zu verlangen. Dadurch können Sie auch in einer frühen Phase der Unternehmensgründung, in der andere Geldgeber wegen der ungewissen Zukunftsaussichten dankend ablehnen, über Kapital verfügen. Im Gegenzug erwerben die Venture-Capital-Gesellschaften Beteiligungen an Unternehmen, bei denen sie sich mittelfristig sehr großes Wachstumskapital versprechen, und erwarten in der Regel einen Wertzuwachs von 25 Prozent pro Jahr für ihr investiertes Kapital. Daneben vermitteln Venture-Capital-Gesellschaften aber auch wichtige Kontakte und beraten in schwierigen Situationen, stellen Ihnen ihr Wissen und Können

zur Verfügung, greifen aber auch teilweise aktiv in die unternehmerischen Tätigkeiten ein. Sie sehen sich daher in der Regel eher als Partner des Unternehmens denn als Finanzier und Eigner. Den Einfluss der Venture-Capital-Gesellschaft können Sie durch eine geeignete Rechtsform und einen entsprechenden Gesellschaftsvertrag regeln. Welche Möglichkeiten Sie hierbei haben, erfahren Sie im nächsten Kapitel .
Venture Capital organisiert sich außerhalb des geregelten Kapitalmarktes, es gibt also keine Börsen für Venture Capital. Der Kapitalgeber investiert direkt in das Eigenkapital des Unternehmens, bleibt aber stets Minderheitsgesellschafter (Anteil unter 50 Prozent). Venture Capital ist in der Regel zinslos überlassenes Geld, der Gewinn des Kapitalgebers entsteht rein durch den Wertzuwachs des Unternehmens. Der Haken bei der Sache: Nach etwa fünf bis sieben Jahren verkaufen die Venture-Capital-Gesellschaften in der Regel ihre Anteile. Als Käufer kommen nicht nur die Gesellschafter des Unternehmens, sondern auch fremde Unternehmen, ja sogar direkte Konkurrenten in Betracht. Oder die Anteile werden direkt an der Börse gehandelt. Achten Sie daher bei Abschluss des Vertrages genau darauf, welche Konditionen bezüglich des Verkaufs an Firmenanteilen festgeschrieben sind. Weitere Informationen: Bundesverband Deutscher Kapitalbeteiligungsgesellschaften www.bvk-ev.de.

Private Investoren

Neben staatlichen Förderprogrammen, Krediten und Venture Capital haben Sie natürlich auch die Möglichkeit, die Existenzgründung durch private Geldgeber zu finanzieren. Bei kleineren Summen bis circa 5.000 Euro ist es durchaus sinnvoll, die Geldgeber im privaten Umfeld zu suchen, da dies in der Regel günstiger ist als jeder Bankkredit. Achten Sie jedoch bei Verträgen mit Familienmitgliedern genau darauf, dass diese juristisch einwandfrei abgefasst sind: Denn bei Geldtransfers innerhalb der Familie schaut das Finanzamt gerne ganz genau hin.

Bei größeren Summen, für die Sie keine andere Finanzierungsmöglichkeit finden, können die sogenannten Business Angels der ideale Partner sein. Das sind in der Regel erfahrene Unternehmer oder Führungskräfte, die Ihnen mit Kapital, aber auch mit Erfahrungen und Branchenkenntnissen weiterhelfen. Vorzugsweise investieren sie in Branchen, die sie kennen, haben aber in der Regel geringere Renditeerwartungen als Venture-Capital-Gesellschaften. Allerdings sind sie meist an einer beratenden Position im Unternehmen interessiert. Weitere Informationen: www.business-angels.de.

Ihre Finanzierungsplan

Den ersten Schritte zur Finanzierung Ihres Gründungsvorhabens haben Sie bereits abgeschlossen: Sie haben sich im Rahmen Ihres Businessplans Gedanken über Ihre finanzielle Situation gemacht; durch Ihren Kapitalbedarfsplan besitzen Sie einen Überblick über alle Kosten Ihrer Gründung – und darüber, wie viel Geld Sie dafür benötigen. In Ihrem Liquiditätsplan haben Sie sich vergegenwärtigt, über welche Barmittel Sie verfügen. Und in einer Rentabilitätsvorschau konnten Sie sich einen Überblick darüber verschaffen, welche Erträge Sie in den kommenden Jahren erwirtschaften können.
Außerdem wissen Sie jetzt, welche Möglichkeiten es gibt, sich das Kapital zu verschaffen. Nun geht es darum, diese verschiedenen Möglichkeiten aufzulisten und sich selbst, aber auch potenziellen Geldgebern einen Überblick darüber zu verschaffen, aus welchen Quellen Ihre Finanzmittel kommen. In einem Finanzplan listen Sie auf, wie viele Anteile Ihrer Finanzierung zum Beispiel aus Eigenkapital stammen, wie hoch Ihre Bankkredite sind, ob Sie staatliche Förderprogramme nutzen und wie viel Ihnen andere Investoren zur Verfügung stellen. Nutzen Sie die nachfolgende Übersicht als Vorlage: Tragen Sie bis auf den Cent genau ein, wie viel Euro Sie durch welche Geldquelle finanzieren. Damit Sie wissen, worauf Sie bei Ihrem Finanzierungsplan achten und was Sie bei der Finanzierung einkalkulieren sollten, finden Sie nachfolgend einige typische Finanzierungsfehler aufgelistet.

Tipp Als Faustregel für die Finanzierung gilt: Ihre Eigenmittel bilden die Grundlage für eine solide Unternehmensfinanzierung. Sie sollten einen angemessenem Umfang von 15 Prozent oder mehr betragen, um eine möglichst krisenfeste Finanzierung zu erreichen.

Übersicht Eigenmittel in Euro
Barvermögen
Sacheinlagen/Eigenleistungen (aktivierungsfähig)
Verwandtendarlehen/Drittmittel (langfristig, ungesichert)
Beteiligungskapital
Summe

Übersicht Fremdmittel in Euro
DtA-Startgeld
ERP-Eigenkapitalhilfe
ERP-Existenzgründung (evtl. Bürgschaft)
DtA-Existenzgründung (evtl. Bürgschaft)
Landesdarlehen (LTS)
Gründerzuschuss (LTS)
Hausbank (evtl. Bürgschaft)
Sonstige Finanzierungsmittel
Summe

Typische Finanzierungsfehler im Überblick

- ❏ mit zu wenig Eigenkapital starten
- ❏ aus Zeitgründen nicht die Konditionen und Leistungen verschiedener Sparkassen und Banken vergleichen
- ❏ sich auf das Gespräch mit Geldgebern nicht gründlich vorbereiten
- ❏ öffentliche Finanzierungshilfen nicht rechtzeitig beantragen, deren Kombinationsmöglichkeiten nicht ausschöpfen oder die Bearbeitungsdauer unterschätzen

- ❑ Kapitalbedarf nur grob überschlagen oder die Buchhaltung vernachlässigen
- ❑ den Bedarf an Betriebsmitteln (Werkzeug, Büroeinrichtung etc.) unterschätzen oder die Zahlungsmoral von Kunden überschätzen, was zu ungeplanten Außenständen führt
- ❑ finanzielle Überbelastung durch scheinbar günstige Kreditangebote
- ❑ das Kreditlimit ständig überziehen
- ❑ Kontokorrentkredite verwenden, um langfristige Investitionen zu finanzieren
- ❑ hohe Schulden bei Lieferanten
- ❑ zu hohe Fixkostenbelastung
- ❑ zu hohen Kaufpreis bei einer Betriebsübernahme akzeptieren
- ❑ hohe Personal- und Personalnebenkosten
- ❑ Diskrepanz zwischen Umsatzentwicklung und Personalkostensteigerungen
- ❑ das Finanzbudget durch nicht eingeplante zusätzliche Investitionen überschreiten
- ❑ aufgrund des Wettbewerbs Preise anbieten, die unter den Kosten liegen, beziehungsweise Kunden mit überzogenen Rabatten und Nachlässen ködern
- ❑ zu große Abhängigkeit von einzelnen Kunden (zum Beispiel einem Großkunden) oder von Lieferanten

Überzeugen Sie potenzielle Geldgeber

Mit Ihrem Businessplan zeigen Sie potenziellen Geldgebern, dass Sie sich ausführlich Gedanken über den Aufbau Ihres Unternehmens gemacht haben. Mit Ihrem Finanzierungsplan verdeutlichen Sie darüber hinaus, dass Sie sich bereits umfassend über die Möglichkeiten zur Finanzierung Ihrer Gründung informiert und die optimalen Finanzierungsformen ausgewählt haben. Beides vermittelt dem Geldgeber den Eindruck, dass Sie vertrauenswürdig sind und sein Geld sicher bei

Ihnen aufgehoben ist. Doch dafür müssen Sie ihn nicht nur mit gut ausgearbeiteten Unterlagen, sondern auch persönlich überzeugen.
In der Regel wird ein Geldgeber Ihre Kreditwürdigkeit prüfen. Man unterscheidet hier zwischen der persönlichen und der materiellen Kreditwürdigkeitsprüfung. Von der persönlichen Kreditwürdigkeit spricht man, wenn der Kreditnehmer aufgrund der Zuverlässigkeit, der beruflichen und fachlichen Qualifikation und der unternehmerischen Fähigkeiten ein entsprechendes Vertrauen verdient. Bei der materiellen Kreditwürdigkeitsprüfung wird analysiert, ob das Vorhaben eine Gewähr dafür bietet, dass der Kredit zurückbezahlt werden kann (Kapitaldienstfähigkeit). In der Regel stellt die Kapitaldienstfähigkeit den Mittelpunkt der Kreditbeurteilung dar. Zu diesem Zweck werden die zuvor genannten Unterlagen sowie ein Businessplan benötigt.
Es ist grundsätzlich wichtig, dass Sie Ihren Geldgeber als Partner betrachten. Sie stärken das Vertrauen, wenn Sie von sich aus offen und ehrlich alle Informationen liefern, die er benötigt. Sehen Sie das Gespräch mit Ihrem potenziellen Finanzier als »Verhandlungs- und Verkaufsgespräch« und verhalten Sie sich entsprechend. Stimmen Sie Beratungstermine rechtzeitig ab und verpassen Sie nicht wichtige Gesprächstermine. Und auch wenn Sie das Kapital schon in der Tasche haben, sollten Sie den Kontakt zu Ihrem Geldgeber pflegen: Unterrichten Sie ihn regelmäßig über den Stand der Dinge, zeigen Sie auf, wenn Sie Ihre Planung umgesetzt haben, aber verschweigen Sie auch nicht, wenn Sie zwischenzeitlich einmal Liquiditätsprobleme haben. Das ist vor allem deshalb wichtig, weil es durchaus passieren kann, dass Sie im Gründungsverlauf weitere Finanzmittel benötigen. Das sollten Sie frühzeitig signalisieren.

Schritt 3:
Die optimale Rechtsform

Wenn die Finanzierung steht, sollten Sie sich der Rechtsform Ihres Unternehmens zuwenden. Auch sie ist entscheidend für den Unternehmenserfolg, denn von der Rechtsform hängt es beispielsweise ab, ob Sie alleine oder mit anderen zusammenarbeiten, welchen Aufwand Sie in die Bürokratie investieren müssen, welche Steuern Sie zahlen, ob Sie Ihre Bilanzen veröffentlichen müssen, ob Sie den Namen Ihres Unternehmens frei wählen dürfen, welches Image Ihr Unternehmen hat – oder ob Sie persönlich für das Unternehmen haftbar sind. Tatsächlich ist aber die Wahl der richtigen Rechtsform nicht so schwierig, wie es auf den ersten Blick aussieht, denn die Rahmenbedingungen schränken die Auswahl merklich ein. Daher sollten Sie zunächst diese Rahmenbedingungen abstecken, wenn Sie nach der optimalen Rechtsform für Ihr Unternehmen suchen. Finden Sie heraus, welche Aspekte für Sie besonders wichtig sind und welche Sie eher vernachlässigen können.

Kriterien für die Wahl der optimalen Rechtsform

- ❑ Arbeiten Sie alleine oder mit anderen zusammen?
- ❑ Müssen Sie die Haftung begrenzen oder ist dies für Sie eher nachgeordnet?
- ❑ Wie viel Buchführung wollen Sie sich zumuten?
- ❑ Wie wollen Sie Ihr Unternehmen leiten?
- ❑ Welche Rolle wollen Sie im Unternehmen spielen?
- ❑ Welche Besteuerung ist für Ihr Unternehmen vorteilhaft?
- ❑ Welchen Namen wollen Sie Ihrem Unternehmen geben?
- ❑ Welches Image soll Ihr Unternehmen haben?
- ❑ Ist Gesellschaftskapital vorhanden?

Personengesellschaften

Die erste Gruppe der Rechtsformen sind die Personengesellschaften. Ihr Vorteil gegenüber den Kapitalgesellschaften ist ein deutlich geringerer Aufwand bei Gründung, Buchhaltung und Steuern. Ihr Nachteil besteht in dem persönlichen Haftungsrisiko des Unternehmers. Dieses kann aber immerhin durch vertragliche Absprachen verringert werden. Im Gegensatz zu einer Kapitalgesellschaft haften Gesellschafter einer Personengesellschaft regelmäßig unbeschränkt, das heißt mit dem Gesellschaftsvermögen *und* mit ihrem Privatvermögen. Ausnahmen bilden etwa Kommanditisten bei einer Kommanditgesellschaft, deren Haftung regelmäßig auf die im Handelsregister eingetragene Haftungssumme beschränkt ist.

Einzelunternehmer

Wenn Sie Ihr Unternehmen alleine leiten, ob als Gewerbetreibender oder Freiberufler, sind Sie automatisch Einzelunternehmer. Dazu müssen Sie auch nichts Besonderes machen. Es gibt nur einen Betriebsinhaber: Sie! Niemand schreibt Ihnen vor, wie viel Startkapital Sie mitbringen müssen. Kein Partner redet Ihnen in Ihre Pläne oder Geschäfte hinein. Eine Rechtsform also, die sich zum Einstieg gut eignet. Und auch bei den Steuern haben es Einzelunternehmer ein wenig einfacher als andere Rechtsformen: Sie müssen, sofern sie nicht als Kaufleute im Handelsregister stehen (dazu mehr unter Schritt 4) keine komplette Bilanzierung machen, sondern nur eine einfach Einnahmenüberschussrechnung. Die Verluste aus Ihrem Unternehmen werden direkt mit anderen Einkünften verrechnet und verringern so die Steuerschuld.

Wenn Sie später vom Einzelunternehmer in eine andere Rechtsform wechseln wollen, müssen Sie neu gründen. Ausnahme: Wenn Sie bereits als Kaufmann im Handelsregister stehen, können Sie Ihr Unternehmen direkt in eine OHG, GmbH, KG oder AG einbringen.

Es gibt nur einen Vermögensträger, nämlich den Unternehmer, während bei anderen Rechtsformen die Gesellschaft als Träger des Betriebsvermögens klar vom Unternehmer getrennt ist. Daher können Sie als Einzelunternehmer auch jederzeit Ihrem Unternehmen Kapital zuführen oder für private Zwecke entnehmen. Problematisch kann etwa die fehlende Abgrenzung zwischen Privat- und Betriebsvermögen allerdings in steuerlicher Hinsicht sein. Wirtschaftsgüter etwa, bei denen die Grenze zwischen privater und geschäftlicher Nutzung nicht eindeutig zu ziehen ist (zum Beispiel Auto, Computer oder Immobilien) können nur nach komplizierten Regelungen und auch nur teilweise von der Steuer abgesetzt werden. Außerdem schaut das Finanzamt bei solchen Grenzfällen auch immer ganz genau hin.

Wenn Sie freiberuflich und gewerblich tätig sind, sollten Sie diese beiden Bereiche strikt trennen – beispielsweise auch mit getrennter Buch- und Kontoführung. Denn sonst gelten automatisch alle Einkünfte als gewerblich.

Ein weiterer Nachteil des Einzelunternehmens: Wenn Ihr Unternehmen Schulden macht, haften Sie für diese Schulden voll mit dem eigenen Privatvermögen. Sie haben allerdings die Möglichkeit, dieses Risiko innerhalb bestimmter Grenzen durch Verträge zu beschränken. Außerdem können Sie sich durch entsprechende Versicherungen absichern (mehr dazu in Schritt 8 in diesem Buch). Wenn Sie die Privathaftung umgehen wollen, können Sie auch als Einzelunternehmer eine Ein-Personen-GmbH gründen. Dadurch ergeben sich für Sie dieselben Rechte (Haftungsbeschränkung auf das Gesellschaftskapital), aber auch Pflichten und den Aufwand wie bei der Gründung einer GmbH (dazu unten mehr).

!

Sofern kein Ehevertrag geschlossen wurde, wonach die Beteiligten den Güterstand der Gütergemeinschaft gewählt haben, haftet der Ehepartner grundsätzlich nicht für Ihre Verbindlichkeiten. Eine Ausnahme besteht nur bei Steuerverbindlichkeiten, sofern eine gemeinsame Veranlagung erfolgt und wenn der Ehepartner gegenüber einem Gläubiger die Haftung übernimmt.

Gesellschaft bürgerlichen Rechts (GbR)

Tipp Jede Geschäftspartnerschaft kann die Form einer GbR annehmen: Kleingewerbetreibende, Praxisgemeinschaften freier Berufe, Arbeitsgemeinschaften und so weiter. Besondere Formalitäten und Mindestkapital sind nicht notwendig, jedoch ist ein schriftlicher Vertrag empfehlenswert.

Was passiert aber, wenn Sie nicht mehr alleine sind, sondern mit anderen zusammen ein Unternehmen gründen wollen? Auch in diesem Fall müssen Sie nicht gleich eine Kapitalgesellschaft gründen: Sobald Sie auch nur einen Partner haben, können Sie ohne großen formalen Aufwand eine GbR gründen. Denn für die Gründung ist nicht einmal ein Vertrag vorgeschrieben, weder schriftlich noch mündlich. Es müssen sich lediglich zwei oder mehr Personen dauerhaft zusammenschließen, durch Rat, Tat, Geld oder andere Mittel ihre Beiträge leisten und einen gemeinsamen Zweck verfolgen. Das Bürgerliche Gesetzbuch (BGB) macht für diese Gesellschaftsform insgesamt kaum Vorschriften. Und: Sowohl Freiberufler als auch Kleingewerbetreibende, die nicht im Handelsregister stehen, können eine GbR gründen. Eine GbR kann später auch problemlos in eine OHG oder Partnerschaft (nur für Freiberufler!) umgewandelt werden. Wenn Sie jedoch eine Kapitalgesellschaft daraus machen wollen, müssen Sie ein neues Unternehmen gründen.

Sobald Sie mit anderen dauerhaft enger zusammenarbeiten und nach außen hin gemeinsam auftreten – etwa Journalisten in einem Pressebüro –, sind Sie auch ohne jede Absprache automatisch eine GbR, sofern Sie keine andere Gesellschaftsform vereinbart haben. In diesem Fall sollten Sie schleunigst einen Gesellschaftsvertrag aufsetzen.

So bequem das auch bei der Gründung der Gesellschaft ist, so unpraktisch kann es am Ende in der praktischen Ausgestaltung werden. Denn sofern es nicht anders geregelt ist, erfolgt die Geschäftsführung bei dieser Gesellschaftsform durch alle Geschäftsführer gemeinsam. Das bedeutet, dass auch bei unwichtigen Entscheidungen alle zustimmen müssen – und das kann die Unternehmensführung stark beeinträchtigen. Und es gibt noch einen weiteren Nachteil der GbR: Alle Gesellschafter haben nicht nur alle Rechte, sondern auch die volle Haftungspflicht. Denn jeder Gesellschafter haftet mit seinem gesamten Vermögen – auch mit seinem Privatvermögen – für alle Verbindlichkeiten der GbR. Und zwar dann, wenn die GbR wirtschaftlich Schiffbruch erleidet und Schulden macht, aber auch dann, wenn die GbR ihren vertraglichen Pflichten nicht oder nur inkorrekt nachkommt.

Im Klartext: Wenn einer der GbR-Gesellschafter einen Fehler macht, sitzen die anderen mit im Boot und können mit Ihrem gesamten Privatvermögen »mit untergehen«.

Damit dies nicht passiert, können Sie die Rechte und Pflichten der einzelnen Gesellschafter per Gesellschaftsvertrag begrenzen – je detaillierter Sie alle infrage kommenden Probleme regeln, desto besser. Wenn kein Gesellschaftsvertrag aufgesetzt wird, gelten automatisch die Vorschriften des BGB, nach denen alle verantwortlich sind. Daher sollten Sie so weit wie möglich vertraglich regeln, welcher Gesellschafter welche Aufgaben und welche Verantwortung übernimmt. Wenn Sie per Gesellschaftsvertrag die Verantwortung der einzelnen Gesellschafter auf einzelne Geschäftsbereiche begrenzen, können Sie damit das Risiko durch Kontrollen minimieren. Intern können die Gesellschafter darüber hinaus regeln, dass bei Fehlern derjenige für die Folgen aufkommt, der den Schaden verursacht hat.

z.B. Bei hohen Ausgaben können Sie beispielsweise festlegen, dass die Zustimmung der anderen eingeholt werden muss, wenn ein bestimmter Kostenrahmen überschritten wird. Oder dass an größeren Projekten mehrere Gesellschafter beteiligt sind oder diesen zumindest zustimmen müssen.

Anders als eine GmbH zahlen die Gesellschafter der GbR und nicht die Gesellschaft Einkommens- und auch Kapitalertragssteuer. Dafür werden Gewinne und Vermögen sowie ihre Verteilung auf die Gesellschafter vom Finanzamt einheitlich und gesondert festgestellt. Die Gewerbesteuer wird hingegen von der GbR selbst gezahlt, falls diese gewerblich tätig ist. Ist eine GbR freiberuflich und gewerblich tätig, gelten alle Einkünfte automatisch als gewerblich – anders als beim Einzelunternehmer.

Ausweichmöglichkeit Gemeinschaft

Nicht immer muss es gleich eine GbR sein – den einen oder anderen werden die Haftungsverspflichtungen ohnehin von der Gründung einer GbR abhalten. Wenn Sie mit anderen nur sporadisch zusammenarbeiten, zum Beispiel in einem Netzwerk, um Ihre Kompetenzen zeitweise zu ergänzen, oder aus Kostengründen Arbeitsräume teilen, können Sie auch eine Gemeinschaft eingehen. Auch verschiedene Unternehmen gleich welcher Rechtsform können eine solche Gemeinschaft eingehen. Hierbei bleiben die einzelnen Unternehmen selbstständig und die Haftung liegt nach wie vor bei den einzelnen Unternehmen. Wenn jedoch gemeinsame Verpflichtungen bestehen, etwa durch die Miete von Gemeinschaftsräumen, kann das allerdings zu Belastungen über den eigenen Anteil hinaus führen. Auch hier sollten Sie daher genau vertraglich abstimmen, welche Mitglieder welche Rechte und Pflichten haben und worin genau die Zusammenarbeit besteht, damit Sie hinterher nicht für weitere Verbindlichkeiten haftbar gemacht werden können. Auch den Trennungsfall sollten Sie genauestens regeln. Eine Gemeinschaft kann grundsätzlich auch unter einem gemeinsamen Namen auftreten. Vermeiden Sie allerdings den Eindruck, dass in Wahrheit eine engere Zusammenarbeit in Form einer Gesellschaft besteht.

z.B. So ist die Bezeichnung Ärztehaus unproblematisch, weil hier von getrennt voneinander agierenden Praxen ausgegangen wird, während man bei einem Pressebüro möglicherweise *ein* Büro und damit *ein* gemeinsam agierendes Unternehmen annimmt.

Offene Handelsgesellschaft (OHG)

Die offene Handelsgesellschaft ist sozusagen die Fortentwicklung der GbR. Als Personenhandelsgesellschaft ist der Eintrag ins Handelsregister durch die Gesellschafter Pflicht. Deshalb muss die OHG eine Bilanzierung machen, darf sich aber im Gegensatz zur GbR einen frei wählbaren Namen zulegen (mehr zu den Rechten und Pflichten siehe unter Schritt 4). Der Eintrag ins Handelsregister erfolgt durch alle Gesellschafter gemeinsam. Jeder Gesellschafter muss seinen vollständigen Namen, Stand und Wohnort angeben; außerdem wird der Name der OHG, ihr Sitz sowie das Datum, an dem die Geschäfte aufgenommen wurden, vermerkt; ein Notar muss diese Angaben bekunden. Für den Eintrag ins Handelsregister sowie für den Notar fallen Gebühren an.

Eine gewerbliche GbR, die sich ins Handelsregister eintragen lässt oder deren Gewinn 50.000 Euro (beziehungsweise 500.000 Euro Umsatz) pro Jahr übersteigt, wird zur offenen Handelsgesellschaft (OHG).

Eine freiberufliche GbR bleibt automatisch, auch wenn Sie diese Grenzen übersteigt, eine GbR. Eine OHG, die nur noch freiberuflich tätig ist, wird wieder zur GbR. Einmal OHG, kann die Gesellschaft nur wieder in eine GbR umgewandelt werden, wenn Sie unter kaufmännische Größe schrumpft. Sie kann aber auch eine OHG bleiben. Land- und Forstwirte, deren Einkünfte die Grenzen übersteigen, können sich aussuchen, ob sie eine GbR (ohne Eintrag ins Handelsregister) oder eine OHG (mit Eintrag ins Handelsregister) sein wollen.

! Eine OHG kann relativ leicht in eine GmbH umgewandelt werden. Allerdings sind die Gesellschafter für die bei der Umwandlung möglicherweise vorhandenen Verbindlichkeiten voll haftbar.

Die OHG ist ähnlich strukturiert wie die GmbH: Bei den Steuern gelten genau dieselben Regelungen, bei der Buchführung ist die OHG jedoch zur Bilanzierung verpflichtet. Jeder Gesellschafter leistet seinen Beitrag. Jeder Gesellschafter kann die OHG vertreten – im Unterschied zur GbR allerdings alleine. Der schriftliche Gesellschaftsvertrag, der nicht zwingend vorgeschrieben, jedoch empfehlenswert ist, kann jedoch die Vertretung und Kompetenzen regeln – und ebenso die Haftung für die anderen Gesellschafter durch Kontrollmechanismen begrenzen. Denn auch bei der OHG haften alle Gesellschafter ohne Beschränkung mit ihrem gesamten Privatvermögen. Dagegen lassen sich innerhalb enger rechtlicher Grenzen nur vertragliche Haftungsbeschränkungen vereinbaren.

Tipp Durch die Aufnahme von Kommandisten wird die OHG zur Kommanditgesellschaft. Kommandisten sind reine Geldgeber (das können beispielsweise auch Familienangehörige sein), die von der Vertretung und der Geschäftsführung ausgeschlossen sind und damit keinerlei Weisungs- oder Einflussmöglichkeiten auf diese haben. Dafür haften sie nur bis zur Höhe ihrer Einlage, sind aber anteilsmäßig (abhängig von der Höhe der Einlage) am Gewinn beteiligt. Hingegen kommt den Geschäftsführern die gleiche Rolle zu wie bei der OHG und GbR.

Partnerschaft

Als Alternative zur GbR wurde für Freiberufler die voll geschäftsfähige Partnergesellschaft geschaffen, deren Mitglieder die persönliche Haftung im Gesellschaftsvertrag beschränken können. Gegründet wird die Partnergesellschaft durch einen schriftlichen Vertrag, der mindestens den Namen und den Sitz der Partnerschaft, den vollen Namen und Wohnort jeden Partners sowie den freien Beruf, den jeder Partner ausübt, enthalten. Außerdem muss angegeben werden, welches Geschäft die Gesellschaft betreibt. Ein Gesellschaftsvermögen wie bei der GmbH ist nicht notwendig. Allerdings muss sich die Partnerschaft ins Partnerschaftsregister des Amtsgerichtes eintragen lassen. Dabei sind die Mindestangaben aus dem Vertrag zu machen, die auch eingetragen werden. Der Vertrag wird dabei nicht vorgelegt. Für diese Vorgänge ist zumindest ein Notar erforderlich. Beides kostet eine überschaubare Summe von ein paar Hundert Euro. Jeder Wechsel der Partner muss gemeldet werden. Eine spätere Umwandlung der Partnerschaft in eine andere Rechtsform (GmbH, AG oder GbR) ist problemlos möglich.

Die innere Struktur, die Regeln über Geschäftsführung und Vertretung sind die gleichen wie bei der OHG. Der große Vorteil einer Partnerschaft gegenüber der OHG oder GbR ist allerdings: Die persönliche Haftung des einzelnen Gesellschafters ist auf den jeweiligen Partner beschränkt (dieser haftet jedoch gegebenenfalls mit seinem gesamten Privatvermögen), die anderen Partner haften nicht für Verbindlichkeiten des Einzelnen. Auch die Buchführung ist einfacher als bei der OHG: Es ist eine einfache Einnahmenüberschussrechnung möglich, egal ob der Verdienst gewisse Grenzen übersteigt, und es ist keine Bilanzierung notwendig.

Partnerschaften sind allerdings nur zulässig, wenn und soweit es das Standesrecht der einzelnen Berufe erlaubt. Das betrifft die verkammerten Freiberufler wie Ärzte, Steuerberater, Juristen oder Architekten. Rechtsanwälte beispielsweise dürfen nur gemeinsam mit Steuerberatern, Wirtschaftsprüfern oder Patentanwälten zusammen eine Partnerschaft eröffnen. Die Freiberufler ohne Kammerzwang können jedoch untereinander ungehindert Verbindungen eingehen – etwa Journalisten mit Beratern. Auch bei der Wahl des Namens gibt es strenge Regeln: Die Partnergesellschaft muss den Namen mindestens eines Partners sowie den Zusatz »und Partner« oder »Partnerschaft« sowie alle in der Partnerschaft vertretenen Berufe tragen.

z.B. Schröder und Partner, Rechtsanwälte und Steuerberater.

Kapitalgesellschaften

Wer steuerbegünstigt Spenden einnehmen, den Eindruck einer »großen Firma« erwecken will – gegebenenfalls mit einem Fantasienamen –, wessen Umsatz eine gewisse Größenordnung überschreiten und wer vor allem seine Haftung stärker begrenzen will, als dies bei Personengesellschaften möglich ist, sollte die Gründung einer Kapitalgesellschaft erwägen. Im Unterschied zu den bisher genannten Personengesellschaften sind Kapitalgesellschaften ohne jede Einschränkung juristische Personen und dürfen Verträge abschließen, eigenes Vermögen erwirtschaften, Gewinn machen, müssen aber Körperschaftssteuer entrichten. Zudem kostet die Gründung einer Kapitalgesellschaft Zeit und Geld sowie vorher vielleicht vorhandene Privilegien wie den Status der Freiberuflichkeit, die Gewerbesteuerfreiheit und die Befreiung von der Bilanzierungspflicht.

Gesellschaft mit beschränkter Haftung (GmbH)

Die Gesellschaft mit beschränkter Haftung (GmbH) ist die bekannteste und häufigste Form der Kapitalgesellschaft. Ob Freiberufler oder Gewerbetreibender, Kaufmann, Einzelunternehmer oder mehrere Gesellschafter gemeinsam: Eine GmbH kann jeder gründen. Aufgrund ihrer Bekanntheit und wegen der Haftungsbeschränkung genießt sie im Geschäftsleben einen hervorragenden Ruf und gilt als besonders vertrauenswürdig. Allerdings fällt die GmbH immer unter das Handelsrecht, egal wie hoch Gewinne und Umsätze sind – daraus ergeben sich einige buchhalterische Verpflichtungen. Und: Die spätere Umwandlung einer GmbH in eine andere Rechtsform ist relativ unproblematisch.

Eine GmbH-Gründung ist aufwendiger und, wegen der Einlagen und der Kosten, teurer als die Gründung anderer Gesellschaftsformen.

Für die Gründung einer GmbH benötigen Sie eine Stammeinlage von mindestens 25.000 Euro, die durch alle Gesellschafter gemeinsam aufzubringen ist. Ab 2008 sind es voraussichtlich nur noch 10.000 Euro, von denen wiederum nur 5.000 Euro ohne Sicherheitsleistungen aufgebracht werden müssen. Außerdem soll die Gründung einer GmbH auch ohne Kapital möglich sein, was nicht unumstritten ist (mehr dazu unten). Diese Stammeinlage kann statt in Bargeld als sogenannte Sacheinlage auch in Wirtschaftsgütern geleistet werden. Es ist allerdings ein Sachgründerbericht notwendig, der das Handelsregister vom Wert der Einlagen überzeugt – aber auch dies soll vereinfacht werden.

Zunächst muss der Gesellschaftsvertrag der GmbH beim Notar beurkundet werden. Darin sollten zumindest Name und Sitz der Firma, das Betätigungsfeld sowie Angaben zur Höhe des Stammkapitals und zur Verteilung auf die Gesellschafter genannt werden. Dadurch entsteht eine sogenannte GmbH in Gründung (i.G.).

Prinzipiell ist es möglich, in dieser Phase bereits aktiv zu sein und beispielsweise Räume zu mieten, Ausrüstungen zu kaufen oder erste Aufträge anzunehmen. Allerdings haften Sie in dieser Phase persönlich mit Ihrem Privatvermögen für Verbindlichkeiten. Wickeln Sie die Gründung also besser vorher und so schnell wie möglich ab!

Nun muss der Geschäftsführer bestellt werden – entweder durch den Gesellschaftsvertrag oder durch einen Gesellschafterbeschluss, der für die Anmeldung im Handelsregister notariell zu beglaubigen ist. Der Geschäftsführer haftet zwar nicht für den wirtschaftlichen Erfolg (dieses Risiko liegt bei den Gesellschaftern), aber für die Einhaltung aller Vorschriften. Im Gegensatz zum Geschäftsführer gehört den Gesellschaftern die GmbH: Sie geben das Kapital und bestimmen, was im Gesellschaftsvertrag steht. Sie können jederzeit Einsicht in die

Bücher verlangen. Ein Gesellschafter kann natürlich auch zum geschäftsführenden Gesellschafter werden.
Als Nächstes wird die Stammeinlage eingezahlt. Diese Stammeinlage sollte zumindest bei der endgültigen Gründung vollständig vorhanden sein. Wurden aus der Stammeinlage bereits Ausgaben getätigt oder hat sich die GmbH i.G. bereits verschuldet, muss nachfinanziert werden. Im nächsten Schritt erfolgt die Anmeldung im Handelsregister durch den Geschäftsführer, die notariell beglaubigt werden soll. Als Unterlagen benötigen Sie hier den Gesellschaftsvertrag, die Legitimation der Geschäftsführer, eine Liste der Gesellschafter, gegebenenfalls die Unterlagen zur Sacheinlage sowie die Versicherung, dass die Gesellschafter die Mindestzahlung auf die Einlagen in den Händen haben. Wenn alles seine Richtigkeit hat, erfolgt der Eintrag ins Handelsregister. Erst jetzt ist die GmbH offiziell gegründet und die volle Haftungsbeschränkung gilt.
Denn diese Haftungsbeschränkung ist der große Vorteil einer GmbH: Für Verbindlichkeiten der GmbH kann nur das Vermögen der Gesellschaft herangezogen werden, nicht aber die Gesellschafter mit ihrem Privatvermögen. Das bedeutet im Fall einer Verschuldung oder gar Insolvenz, dass zwar die Stammeinlage weg sein kann – mehr aber auch nicht. Leider ist es in der Praxis dann doch nicht immer so unkompliziert: Nicht immer sind Gesellschafter beziehungsweise Geschäftsführer ganz frei von privaten Haftungsverpflichtungen, und manche Fälle, in denen sie dann doch haften müssen, sind auf eine falsche (formale) Handhabung der GmbH zurückzuführen. Wer sich genauestens informieren will, auf was hier zu achten ist, sollte geeignete Literatur zurate ziehen.[3]

Wer haftet wann bei der GmbH?			
Haftungsrisiko	**Nur GmbH haftet**	**Geschäftsführer haftet**	**Gesellschafter haftet**
Vertragserfüllung	mit ihrem Vermögen	wenn Geschäftsführer oder Gesellschafter Mithaftung übernommen haben (etwa durch Bürgschaft)	

Wirtschaftliche Leistungsfähigkeit	falls Haftung nicht aus anderen Gründen		Risiko liegt hier, Haftung aber nur bis zur Stammeinlage
Euro-Produkthaftung	nur GmbH haftet		
Deutsche Produkthaftung		bei Verschulden	grundsätzlich nicht
Strafrecht		Die GmbH schützt nicht vor Strafverfolgung; das Risiko trägt vor allem der verantwortliche Geschäftsführer.	

Leider müssen Sie im Gegenzug zu diesen Vorteilen bei der Buchhaltung deutlich mehr Aufwand betreiben als für andere Gesellschaftsformen. Denn eine GmbH unterliegt immer, ganz gleich, ob Sie von Freiberuflern betrieben wird oder sehr wenig verdient, dem Handelsrecht – und das macht eine Bilanzierung zwingend erforderlich. Das Handelsgesetz teilt die GmbHs nach Umsatzerlösen, Bilanzsumme und Zahl der Arbeitnehmer in kleine, mittlere und große GmbHs ein. Je nachdem, welcher Kategorie die GmbH angehört, muss ein größerer Aufwand bei der Bilanz und bei der Gewinn- und Verlustrechnung betrieben werden. Der Jahresabschluss muss um einen Anhang ergänzt werden, der die Bilanzierungs- und Bewertungsmethoden erläutert. Außerdem müssen Kapitalgesellschaften in einem Lagebericht die Lage, den Geschäftsverlauf, die voraussichtliche Entwicklung und den Bilanzstichtag darstellen, eine kleine GmbH ist jedoch von dieser Pflicht befreit.

Sehr interessant ist die GmbH aus steuerlicher Sicht. Denn anders als Personengesellschaften zahlt die GmbH als Gesellschaft 15 Prozent Körperschaftssteuer. Als Einkommen werden die Gewinne versteuert, die der GmbH-Gesellschafter erhält. Außerdem wird das Gehalt, das dem Geschäftsführer gezahlt wird, steuermindernd vom Gewinn abgezogen – auch wenn dieser zugleich Gesellschafter ist. Dafür zahlt

3. Münster 2006, S. 128ff.

Als GmbH müssen Sie darüber hinaus die Zahlen Ihres Unternehmens seit 2007 im zentralen Unternehmensregister publizieren, wo jeder sie online abrufen kann. Die großen GmbHs müssen dabei alle Angaben komplett offenlegen, die kleinen und mittleren Unternehmen müssen nur eine Kurzform ihrer Bilanzen samt Anhang veröffentlichen, die mittleren GmbHs müssen allerdings zusätzlich zur Kurzform der Bilanz noch weitere Informationen sowie alle weiteren Unterlagen komplett zugänglich machen.

die GmbH immer Gewerbesteuer – selbst wenn Sie von Freiberuflern betrieben wird. Und auch einen Freibetrag gibt es nicht, der erste verdiente Euro wird voll besteuert.

Sonderfall »Mini-GmbH«

Seit Monaten geistert sie bereits als 1-Euro-GmbH durch die Presse, ab 2008, der genaue Termin stand bei Drucklegung noch nicht fest, soll sie Wirklichkeit werden[4]: die neue »haftungsbeschränkte Unternehmergesellschaft«. Hierbei würde es sich um keine eigene Gesellschaftsform handeln, sondern um eine Art Mini-GmbH oder 1-Euro-GmbH, die zunächst ganz ohne Stammkapital gegründet werden kann. Bis ihr Unternehmen dann das Mindeststammkapital einer GmbH (10.000 Euro) erreicht, dürfen erzielte Gewinne aber nur zu drei Viertel an die Gesellschafter ausgeschüttet werden. Ist das Stammkapital erreicht, kann die Gesellschaft bei Bedarf in eine richtige GmbH umgewandelt werden. Außerdem sollen die Gründungsformalitäten durch den elektronischen Handelsregistereintrag sowie den Wegfall der notariellen Beglaubigung bei der Mini-GmbH stark vereinfacht werden. Auch ist die handelsrechtliche Eintragung in Zukunft dann nicht mehr davon abhängig, dass alle erforderlichen Genehmigungen bereits vorliegen: Der Handelsregistereintrag erfolgt auf die schlichte Erklärung eines GmbH-Gründers hin, dass alle Erlaubnisse beantragt

4. Vorgesehen ist eine Entscheidung bis zum 2. Quartal 2008. Wann die Mini-GmbH und in welcher Form genau realisiert wird, ist derzeit noch offen.

worden sind. Die Genehmigung gilt als Normalfall. Sofern die Erlaubnis später nicht erbracht werden kann, löscht das zuständige Gericht die GmbH wieder aus dem Handelsregister. Schließlich wird zudem die Übertragung von Geschäftsanteilen an andere oder neue Gesellschafter erleichtert.

Sonderfall GmbH & Co. KG

Die GmbH & Co. KG ist eine häufige Variante der oben unter der OHG dargestellten Kommanditgesellschaft. Als solche ist sie rechtlich eine Personengesellschaft, bei der die GmbH die Rolle des persönlich haftenden Gesellschafters übernimmt. Daher sind die Gesellschafter auch nicht wie bei anderen Personengesellschaften haftbar. Allerdings werden nicht nur die Haftungsregeln der GmbH, sondern auch die Regeln zur Insolvenzanmeldung und Publizität der Bilanzen auf die GmbH & Co. KG angewandt. Lediglich steuerlich wird diese Gesellschaftsform wie eine normale Kommanditgesellschaft behandelt.

Tipp Als neue Form gibt es seit Kurzem die Ltd. & Co. KG. Sie funktioniert im Wesentlichen wie die GmbH & Co. KG, nur dass die Limited die Rolle des persönlich haftenden Gesellschafters übernimmt. Die Limited kann jedoch in der Regel ohne Kapitaleinlage gegründet werden, besitzt dafür aber andere Nachteile (siehe unten).

Aktiengesellschaft

Sie haben auch die Möglichkeit, eine kleinere Aktiengesellschaft (AG) alleine oder mit einer geringen Zahl von Anteilseignern (in der Regel Kunden oder Mitarbeiter) und mit oder ohne Börsennotierung zu gründen. Doch auch wenn Aktiengesellschaften im Geschäftsleben eine gewisse Reputation genießen: Für ein Kleinstunternehmen im Minibüro oder von zu Hause aus lohnt sich der Aufwand meist nicht, der bei der Gründung einer AG anfällt.

! Mit der sogenannten Ich-AG hatte diese Aktiengesellschaft nichts zu tun!

Um eine AG zu gründen, benötigen Sie zunächst eine Satzung. Das ist die »Verfassung« der AG, und sie muss notariell beurkundet werden. In der Satzung müssen Sie zumindest die Gründer, die Aktienart, den eingezahlten Betrag und die Höhe des Grundkapitals, den Firmennamen, den Sitz und das Betätigungsfeld der AG sowie die Aufteilung des Kapitals in Aktien festlegen. Wird das Kapital durch Sacheinlagen aufgebracht, muss das ebenfalls genau aufgelistet werden. Außerdem müssen Sie regeln, ob Inhaber- oder Namensaktien ausgestellt werden, wie viele Mitglieder der Vorstand und wie Bekanntmachungen der Gesellschaft veröffentlicht werden. Wenn Sie einzelne Aktionäre mit besonderen Vorteilen bedenken, müssen Sie auch das festschreiben. Wenn die Satzung steht, übernehmen die Gründer die Aktien.

Nun bestimmen Sie, ebenfalls notariell beurkundet, Aufsichtsrat und Vorstand. Deren Ernennung gilt längstens bis zur Hauptversammlung, die über die Entlastung für das erste Geschäftsjahr abstimmt. Außerdem müssen Sie über die Gründung einen schriftlichen Bericht abfassen. Vorstände oder Aufsichtsräte müssen die Gründung prüfen.

Wenn Sie eine AG gründen wollen, können Sie neben der Rolle des Aktionärs nur noch entweder als Vorstand oder als Aufsichtsrat beziehungsweise als Mitglied des Aufsichtsrates agieren. Die Rollenverteilung innerhalb der AG funktioniert folgendermaßen: Die Aktionäre treten in der Hauptversammlung zusammen und entscheiden hier über Satzungsänderungen, Kapitalerhöhungen, Verwendung des Bilanzgewinns und die Bestellung des Aufsichtsrates. Der Aufsichtsrat besteht aus mindestens drei Aktionären, die nicht gleichzeitig im Vorstand sein dürfen. Der Aufsichtsrat setzt den Vorstand ein und kontrolliert ihn, hat jedoch keinen direkten Einfluss auf die Geschäftsführung. Die von der Hauptversammlung beschlossene Satzung oder der Aufsichtsrat können aber festlegen, dass der Vorstand bestimmte wesentliche Geschäfte nur mit dem Plazet der Aufsichtsräte durchführen darf. Der vom Aufsichtsrat bestellte Vorstand schließlich leitet die

Geschäfte weitgehend unabhängig von Aktionären und Aufsichtsrat. Eine Person genügt als Vorstand.
Als Nächstes müssen Sie das Grundkapital von mindestens 50.000 Euro einbringen. Sobald die Einlagen zu einem Viertel des Nennbetrages eingezahlt sind (Sacheinlagen müssen vollständig vorhanden sein), können Sie die AG beim Handelsregister anmelden – ebenfalls mit notarieller Beglaubigung. Dazu ist die AG wie alle Kapitalgesellschaften ebenso verpflichtet wie zur Bilanzierung. Hinsichtlich Steuern, Buchführung und Publizität gelten dabei fast dieselben Regelungen wie bei einer GmbH, allerdings gelten börsennotierte AGs immer als große Kapitalgesellschaften und müssen auch den Vorschlag und den Beschluss über die Verwendung der Erträge in jedem Fall veröffentlichen, denn die Verwendung der Gewinne ist per Gesetz deutlich stärker reglementiert als bei der GmbH. Ebenso wie für die GmbH gilt für die AG: Prinzipiell kann sie auch vor dem Handelsregistereintrag aktiv sein, allerdings besteht dann das Risiko einer persönlichen Haftung. Ohnehin ist das Haftungsrisiko für Aktionäre nur auf die eigene Einlage beschränkt, persönliche Haftung wird also ausgeschlossen und wird durch die vielen Kontrollmechanismen automatisch noch weiter eingeschränkt. Für Vorstand oder Aufsichtsrat bestehen jedoch zusätzliche Haftungsrisiken, da sie für grobe Fehler schadensersatzpflichtig gemacht werden können.
Aber wie funktioniert überhaupt das System mit den Aktien? Das Grundkapital ist in Aktien aufgeteilt. Nennbetragsaktien müssen auf mindestens 1 Euro lauten. Der Nennwert einer Aktie gibt ihren Anteil am Grundkapital wieder. Sie können das AG-Kapital aber auch in Stückaktien aufteilen, die auf einen Bruchteil des Grundkapitals lauten. Dadurch ändert sich aber nicht die Notwendigkeit eines festen Grundkapitals von mindestens 50.000 Euro.

z.B. Eine Aktie mit einem Nennwert von einem Euro ist also ein Anteil von einem Fünfzigtausendstel an dem Unternehmen. Umgekehrt muss eine Aktie mit einem Stückwert von einem Zehntel an dem Unternehmen bei einem Grundkapital von 50.000 Euro einen Wert von 5.000 Euro haben.

Es gibt Aktien, die ihren Besitzern Sonderrechte verleihen, sogenannte Vorzugsaktien; allerdings haben sie kein Stimmrecht. Aktien ohne Sonderstatus sind hingegen Stammaktien. Als Inhaberaktien können diese Stammaktien ohne Weiteres verkauft werden. Die Übertragung kann jedoch von der Zustimmung des Vorstandes, des Aufsichtsrates oder der Hauptversammlung abhängig gemacht werden. Werden Stammaktien hingegen als Namensaktien ausgegeben, können Sie nur schriftlich übertragen werden. Eine Aktiengesellschaft kann Ihre Aktien auch an der Börse handeln, indem Sie gemeinsam mit einer Bank einen Antrag auf Börsenzulassung stellt. Für die Zulassung gelten bestimmte Regeln. Außerdem muss die AG von nun an alle kursrelevanten Entwicklungen im Unternehmen publizieren und verschärfte Haftungsrisiken in Kauf nehmen.

Die Limited

Die Private Company Limited by Shares, kurz Limited (Ltd.), ist eine Kapitalgesellschaft auf Aktienbasis. Sie kommt allerdings ohne Mindestkapital aus und bietet ihren Gesellschaftern gleichzeitig einen Haftungsschutz wie eine deutsche GmbH. Und wie bei der GmbH haftet der Geschäftsführer für Gesetzesverstöße oder die Abführung von Steuer und Sozialversicherung persönlich. Aus all diesen Gründen ist die Limited in Deutschland in den letzten Jahren sehr populär geworden – denn gründen kann eine Limited jeder, unabhängig von Staatsangehörigkeit und Wohnsitz. Allerdings besitzt die Limited auch einige Nachteile, die sich potenzielle Gründer meist viel seltener ins Gedächtnis rufen: Zum einen hat die Limited nicht den allerbesten Ruf, da die Haftung nicht durch Kapitaleinsatz abgedeckt ist wie bei der GmbH. Für Geschäfte nur in Deutschland ist die Limited daher nicht die beste Wahl, hingegen ist sie auf dem internationalen Markt durchaus bekannt. Zum anderen ist der formale Aufwand dann doch meist höher als gedacht.

Wenn Sie eine Limited gründen, müssen Sie zunächst einen schriftlichen Gesellschaftsvertrag aufsetzen. Sie können den Namen frei wählen, der Zusatz Limited oder Ltd. ist aber gesetzlich vorgeschrieben. Sie müssen einen oder mehrere Directors und einen Company Secretary benennen (mehr zu diesen Schlüsselpositionen unten) sowie ein Registered Office in Großbritannien einrichten. An diese Postadresse gehen alle offizielle Schreiben. Hier müssen auch alle wichtigen Dokumente der Gesellschaft aufbewahrt werden. Ein einfacher Briefkasten reicht also nicht, in der Regel können Sie für diese Aufgabe jedoch einen Anwalt oder einen Steuerberater in Großbritannien gewinnen, der das Anliegen dann entweder sofort erledigt oder umgehend an einen Director oder Gesellschafter weiterleitet. Für die Gründung kann ein Nominalkapital genannt werden, dieses müssen Sie aber weder einzahlen, noch hat es einen Bezug zur Haftung der Gesellschafter. Probleme, das Kapital oder entsprechende Sachwerte aufzubringen, haben Sie hier nicht. Allerdings ist es wichtig, dass Sie angeben, wie viele Teile des Nennwerts jeder Gesellschafter übernimmt. Der Shareholder (der Anteilseigner) haftet nur bis zu dieser Summe bis zur Einzahlung persönlich mit seinem Privatvermögen.

z.B. Das Nominalkapital beträgt 600.000 Pfund. Herr M., Herr P. und Frau F. übernehmen jeder drei Anteile von je einem Pfund. Jeder kann also in der Gründungsphase für bis zu 3 Pfund haftbar gemacht werden, und insgesamt müssen nur diese 9 Pfund eingezahlt werden.

Sie müssen den Gesellschaftsvertrag und zwei Formulare mit den notwendigen Angaben zur Limited beim House of Companies in Cardiff, dem zentralen britischen Handelsregister, einreichen. Dazu brauchen Sie keinen Anwalt, es kostet Sie aber 20 Pfund (80 Pfund, wenn die Registrierung innerhalb von 24 Stunden erledigt werden soll). Der Haftungsschutz wird mit der Aushändigung der Gründungsurkunde, dem Certificate of Incorporation, wirksam. Wenn Sie nun aber denken, Sie kommen ganz ohne notarielle Beurkundungen aus, so haben Sie sich geirrt: Sie müssen Ihre Limited zusätzlich auch noch beim deutschen Handelsregister anmelden. Dabei brauchen Sie folgende notariell beglaubigte Unterlagen im Original und in beglaubigter Übersetzung: die Gründungsurkunde (Certificate of Incorporation), einen Auszug aus dem Handelsregister (Current Appointment Report), die Gründungsurkunde und die Satzung der Gesellschaft (Memorandum & Articles of Association) und den Bericht über die Aktienzuteilung (Allotments of Shares). Dieser zusätzliche Aufwand macht die Limited für Kleinunternehmer, die nur mit geringem Aufwand gründen wollen, schon wieder unattraktiv. Und wenn Sie später aus der Limited eine deutsche Rechtsform machen wollen, müssen Sie die Firma auflösen und neu gründen.

Bei einer Limited gibt es drei Schlüsselpositionen: Die Gesellschafter gründen und betreiben die Gesellschaft und sind als Kapitalgeber Shareholder (Anteilseigner) der Gesellschaft. Der Director führt die Geschäfte – vergleichbar mit dem Geschäftsführer der GmbH –, und es ist auch möglich, dass die Limited mehrere Directors hat. Aus ihrer Mitte können die Directors einen Chairman als Vorsitzenden sowie einen Managing Director mit umfassenden Befugnissen bestimmen. Außerdem bestimmen die Directors den Company Secretary – das ist die dritte Schlüsselposition –, der für die korrekte Erfüllung der Formalitäten zu sorgen hat. Der Geschäftssitz dieses Company Secretary muss sich in England oder in Wales befinden.

! Sie können durchaus mehrere Funktionen übernehmen. Wenn Sie jedoch als Einzelunternehmer Gesellschafter und Director sind, können Sie nicht gleichzeitig Company Secretary sein.

Mit den Gründungsformalitäten und der Ernennung eines Company Secretary haben Sie allerdings noch nicht alle Verpflichtungen erfüllt. Denn von nun an müssen Sie jährlich beim House of Companies einen Jahresabschluss mit Bilanz, die Annual Accounts (was genau einzureichen ist, hängt von der Größe der Gesellschaft ab) sowie einen Jahresbericht über den Status der Gesellschaft, den Annual Report, einreichen und bei den britischen Finanzbehörden eine Steuererklärung abgeben. Für diese Pflichten werden dann weitere Gebühren fällig, und alles müssen Sie natürlich in Englisch erledigen. Halten Sie die entsprechenden Termine nicht ein, riskieren Sie Abmahnungen oder Bußgelder bis zu 5.000 Pfund und können sogar aus dem Handelsregister gestrichen werden. Wenn das passiert, verlieren Sie automatisch auch Ihren Haftungsschutz. Und: Wer mit einer gelöschten Limited in Deutschland weiter arbeitet, bekommt unweigerlich Probleme. Bei wichtigen Geschäften kann es außerdem sein, dass die Vertragspartner einen Vertretungsnachweis verlangen, den Sie beim britischen Handelsregister beschaffen müssen. Einfach sind hingegen Veränderungen bei den Gesellschaftern oder dem Kapital vorzunehmen: Das können Sie dem britischen Handelsregister automatisch im Annual Report mitteilen.

Entsprechende Änderungen müssen Sie aber auch in Deutschland dem Handelsregister mitteilen – und das geht nicht ohne Notarsiegel und beglaubigte Übersetzungen und Unterlagen. Beides ist wieder teuer und aufwendig.

Auch die Buchführung hat ihre Tücken: Sie müssen nicht nur bei den britischen Finanzbehörden eine Steuererklärung abgeben, sondern auch in Deutschland Steuern zahlen: Genauso wie die GmbH ist die Limited eine Kapitalgesellschaft und damit gewerbesteuerpflichtig – selbst wenn sie von Freiberuflern betrieben wird. Wenn Sie über die Künstlersozialkasse (KSK) versichert sind, können Sie das auch als Inhaber einer Limited unter bestimmten Bedingungen bleiben – im konkreten Fall sollten Sie das jedoch unbedingt vorab mit der KSK absprechen. Aber auch wer als gewerblicher Einzelunternehmer schon gewerbesteuerpflichtig ist, zahlt als Limited deutlich mehr, denn einen Freibetrag wie bei Personengesellschaften gibt es für Kapitalgesellschaften nicht. Als Kapitalgesellschaft ist die Limited schließlich bilanzierungspflichtig.

Problematisch ist die Limited auch aus rechtlichen Gründen: In Streitfällen, an denen eine Limited beteiligt ist, müssen deutsche Gerichte britisches Handelsrecht anwenden und auch Sie brauchen in solchen Fällen einen deutschen Anwalt, der sich damit auskennt.

Im Normalfall können Sie als Unternehmer in Deutschland Ihre umfangreichen Verpflichtungen in England nicht selbst regeln. Sie brauchen also eine Person Ihres Vertrauens, die vor Ort die Formalitäten für Sie übernimmt. Oder Sie beauftragen einen externen Dienstleister, der die Gründung der Limited und alle weiteren Verpflichtungen übernimmt. Davon gibt es mittlerweile eine ganze Reihe, die die komplette Gründung für einige Hundert Euro versprechen. Häufig sind bei diesen Gründungskosten die Folgekosten für die nachfolgenden Verpflichtungen in England jedoch nicht einkalkuliert. Genau das kann einem Limited-Gründer jedoch zum Verhängnis werden: Wenn der Dienstleister die Verpflichtungen in England nicht übernimmt oder fehlerhaft durchführt, kann das für Sie wegen der Bußgelder und des Wegfalls jeglichen Haftungsschutzes sehr teuer werden. Von Dienstleistern, die vollmundig die Gründung zum kleinen Preis versprechen und dabei nicht auf die zahlreichen Pflichten in England verweisen, ist zu warnen. Zumindest sollten Sie aber genauer hinschauen und immer auch das Kleingedruckte lesen. Suchen Sie sich für solche Aufgaben unbedingt einen seriösen Spezialisten, der die Vorschriften des britischen Unternehmensrechts im Auge hat und die Limited ordentlich verwaltet. Darüber hinaus sollten Sie sich unbedingt selbst mit Ihren Rechten und Pflichten beschäftigen und sich nicht nur auf andere verlassen.

Tipp Unabhängige Informationen sowie Tipps, wo man geeignete Spezialisten findet, bietet die Deutsch-Britische Industrie- und Handelskammer: http://grossbritannien.ahk.de/

Rechtsformen im Überblick									
Rechtsform	**Einzelunternehmen**	**GbR**	**OHG**	**Partnerschaft**	**KG**	**GmbH**	**GmbH & Co. KG**	**Ltd.**	**AG**
Kapital	nein	nein	nein	nein	nein	25.000 Euro	25.000 Euro	2 £	50.000 Euro
Haftungsbeschränkung	nein	nein	nein	mgl.	z.T.	ja	ja	ja	ja
Entscheidungsspielraum	ja	ja	ja	ja	ja	nein	ja	ja	ja
Formalitäten	kaum	kaum	viel	wenig	viel	viel	viel	viel	wenig
Handelsregistereintrag	nein	nein	ja	partnerschaftl. Regelung	ja	ja	ja	ja	ja

Tipp Stille Beteiligungen sind bei allen Rechtsformen möglich. Dabei gründen Sie als Unternehmer oder Ihre Gesellschaft mit einem oder mehreren stillen Teilhabern eine stille Gesellschaft oder Innengesellschaft. Die stille Einlage wird dann Ihnen oder Ihrer Gesellschaft überschrieben und nur Sie treten nach außen in Erscheinung. Die Beteiligung wird – außer bei der Aktiengesellschaft – nicht ins Handelsregister eingetragen. Der stille Teilhaber ist immer am Gewinn beteiligt, seine Haftung beschränkt sich aber nur auf die Einlage.

Schritt 4:
Die Gewerbeanmeldung

Tipp Wenn Sie Freiberufler sind, braucht Sie dieser Schritt eigentlich nicht zu interessieren. Blättern Sie dann einfach weiter zu Schritt 5. Allerdings geht es in diesem Kapitel auch um die Abgrenzung zwischen freiem Beruf und Gewerbe. Und: Auch wenn Sie eine sogenannte Urproduktion (zu Beispiel Land- und Forstwirtschaft, Fischerei, Bergbau) betreiben wollen oder ein eigenes Vermögen verwalten, müssen Sie dafür kein Gewerbe anmelden.

Der nächste Schritt ist die Anmeldung Ihres Gewerbes in der Gemeinde-/Stadtverwaltung, in der Sie Ihr Büro oder Ihre Betriebsstätte haben werden. Zuständig ist hier das Ordnungsamt, manche Kommunalverwaltungen haben auch ein eigenes Gewerbeamt. Die Gewerbeaufsichtsämter haben hingegen mit der Gewerbeanmeldung nichts zu tun. Auch wenn Sie mit Ihrem Unternehmen »umziehen« oder eine Zweigstelle eröffnen, müssen Sie dieses der Gemeinde melden. Jedoch muss nicht jeder Existenzgründer automatisch auch ein Gewerbe anmelden, einige sind davon ausgenommen.

Wer muss ein Gewerbe anmelden und wer nicht?

Sie müssen nur dann eine Gewerbeanmeldung durchführen, wenn Sie auch tatsächlich ein Gewerbe ausüben wollen. Dafür muss Ihre unternehmerische Tätigkeit die folgenden Voraussetzungen erfüllen:

Checkliste: Eine gewerbliche Tätigkeit ist

- ❑ nicht sozial unwert (als sozial unwert gilt beispielsweise Hellseherei)
- ❑ auf Gewinnerzielungsabsicht ausgerichtet (es kommt nicht darauf an, ob tatsächlich ein Gewinn erzielt wird)
- ❑ planmäßig, regelmäßig und auf Dauer angelegt
- ❑ in eigenem Namen und auf eigene Rechnung selbstständig ausgeübt

Allerdings gibt es auch eine Reihe von Tätigkeiten, die nicht als Gewerbe gelten und die daher keine Gewerbeanmeldung erfordern: die sogenannten freien Berufe. Freiberufler müssen sich lediglich beim Finanzamt anmelden und erhalten dann eine Steuernummer. Wenn Sie Freiberufler sind, können Sie diesen Schritt getrost überspringen. Wenn Sie sich hingegen für die Abgrenzung zwischem einen freien Beruf und einem Gewerbe interessieren oder nicht ganz sicher über Ihren Status sind, sollten Sie hier weiterlesen.

! Gewerbetreibende müssen ab einem Gewinn von 24.500 Euro im Jahr Gewerbesteuer zahlen, ab einem Umsatz von 500.000 Euro im Jahr beziehungsweise 50.000 Euro Gewinn Bilanzen erstellen und sofort Pflichtmitglied der IHK werden. Freiberufler sind von diesen Pflichten befreit.

Freiberufler erbringen eine persönliche, geistige und schöpferische Dienstleistung aufgrund hoher Fachkompetenz, Ausbildung und/ oder Begabung. Sie stellen keine Handels- oder Massenprodukte her. Ein Freiberufler kann aber durchaus auch fachlich vorgebildete Arbeitskräfte beschäftigen, solange er aufgrund eigener Fachkenntnisse leitend und eigenverantwortlich tätig wird. Ihr Vorteil als Freiberufler ist: Egal wie hoch Ihr Einkommen ist – eine Gewerbesteuer fällt nicht an. Außerdem müssen Sie keine Bilanzierung vornehmen – eine einfache Gewinn- und Verlustrechnung reicht dem Finanzamt völlig aus. Und Sie müssen kein IHK-Mitglied werden. Die Freiberuflichkeit ist jedoch nur bestimmten Berufsgruppen vorbehalten. Welche Berufsgruppen freiberuflich sind, ist im Einkommenssteuergesetz unter Paragraph 18 geregelt. Darauf sollten Sie sich bei Bedarf berufen, wenn das Finanzamt Ihre Freiberuflichkeit nicht anerkennen will.

Welche Tätigkeiten sind freiberuflich?

- selbstständig ausgeübte wissenschaftliche, künstlerische, schriftstellerische, unterrichtende oder erzieherische Tätigkeiten – darunter fallen ebenfalls Journalisten, Bildberichterstatter, Dolmetscher, Übersetzer, Honorarlehrer, aber auch Babysitter
- die selbstständige Berufstätigkeit der Ärzte, Zahnärzte oder Tierärzte, aber auch der Heilpraktiker, Dentisten, Krankengymnasten
- die selbstständige Arbeit von Juristen wie Rechtsanwälten, Notaren oder Patentanwälten
- Ingenieurberufe wie Vermessungsingenieure oder Bauingenieure, aber auch Architekten
- Finanzberater wie Wirtschaftsprüfer, Steuerberater, beratende Volks- und Betriebswirte, vereidigte Buchprüfer, Steuerbevollmächtigte

Leider gibt es viele Tätigkeiten, bei denen die Frage »freiberuflich oder gewerblich?« umstritten ist. Die entsprechenden Fälle können dann durchaus von Finanzamt zu Finanzamt unterschiedlich behandelt werden. Erkundigen Sie sich genau , ob die angestrebte Tätigkeit als freier Beruf anerkannt wird oder nicht.

z.B. Ein Weiterbildungsberater wurde als Freiberufler eingestuft, weil seine Beratung eher psychologischer Natur sei. Bei einem anderen Finanzamt wurde die gleiche Tätigkeit als gewerblich angesehen. Begründung: Seine Tätigkeit sei eher im wirtschaftlichen Bereich angesiedelt.

Ein Freiberufler kann auch nebenberuflich ein Gewerbe betreiben oder in seine freiberufliche Arbeit gewerbliche Elemente aufnehmen – beispielsweise ein Journalist, der auch PR-Arbeit erledigt. Helfen kann in solchen Grenzfällen eine gute Beratung, die speziell auf diesen Einzelfall eingeht, oder eine einfache Nachfrage beim Finanzamt, das in solchen Fällen kulanter ist, als viele denken. Übrigens ist die Freiberuflichkeit nicht zu verwechseln mit dem Status eines freien Mitarbeiters – dieser kann durchaus auch gewerblich arbeiten.

Wenn Sie freiberuflich und gleichzeitig gewerblich arbeiten, ist es wichtig, dass beide Tätigkeiten in der Buchführung deutlich voneinander getrennt werden, am besten sogar mit getrennter Kontoführung. Denn sonst rechnet das Finanzamt auch bei einem nur kleinen gewerblichen Anteil die freiberufliche Tätigkeit zum Gewerbe hinzu.

Wie melden Sie Ihr Gewerbe an?

Die Anmeldung Ihres Gewerbes kann persönlich oder schriftlich erfolgen. Als Anmeldegebühr ist einmalig ein Betrag von 15 bis 50 Euro zu entrichten (variiert von Gemeinde zu Gemeinde). Für die Gewerbeanmeldung müssen Sie das Formular »Gewerbe-Anmeldung« (GewA1) verwenden. Dieses liegt in Ihrer Gemeinde aus beziehungsweise steht auch, je nach Internetangebot Ihrer Kommune, zum Download zur Verfügung.

Und so füllen Sie Ihre Gewerbeanmeldung aus: Unter 1 tragen Sie den Firmennamen und die Rechtsform ein. Worauf es dabei ankommt, haben Sie ja bereits in Schritt 3 erfahren. Die Nummern 3 bis 9 sind selbsterklärend, hier tragen Sie Ihre persönlichen Angaben ein. Sofern Sie Ihr Unternehmen in der Rechtsform einer Personengesellschaft führen, geben Sie nun unter 10 die Zahl der geschäftsführenden Gesellschafter an. Wenn Sie hingegen Ihr Unternehmen als Kapitalgesellschaft führen, tragen Sie unter 10 die Zahl der gesetzlichen Vertreter ein. Wenn Sie alleine arbeiten, ist das logischerweise nur eine Person; wenn Sie mit anderen zusammenarbeiten, sind es entsprechend mehr. Wenn Sie kein neues Unternehmen eröffnen, sondern nur eine Zweigstelle, dann tragen Sie unter 11 den Namen der vertretungsberechtigten Person vor Ort ein. Ansonsten können Sie dieses Feld freilassen.

Unter 12 tragen Sie die Adresse und die Telefonnummer Ihres Unternehmens beziehungsweise der Zweigstelle ein, die Sie anmelden. Wenn Sie von zu Hause aus arbeiten, ist Ihre Wohnadresse mit der Betriebsadresse identisch; tragen Sie diese Adresse aber trotzdem nochmals ein. Sofern Sie nur eine Zweigstelle eröffnen, tragen Sie

Name der entgegennehmenden Gemeinde | Gemeindekennzahl Betriebsstätte (Sitz) | **GewA 1**

Gewerbe-Anmeldung

nach § 14 GewO oder § 55 c GewO

Bitte vollständig und gut lesbar ausfüllen sowie die zutreffenden Kästchen ankreuzen

Angaben zum Betriebsinhaber Bei Personengesellschaften (z. B. OHG) ist für jeden geschäftsführenden Gesellschafter ein eigener Vordruck auszufüllen. Bei juristischen Personen ist bei Feld Nr. 3 bis 9 und Feld Nr. 30 und 31 der gesetzliche Vertreter anzugeben (bei inländischer AG wird auf diese Angaben verzichtet). Die Angaben für weitere gesetzliche Vertreter zu diesen Nummern sind ggf. auf Beiblättern zu ergänzen.

1 Im Handels-, Genossenschafts- oder Vereinsregister eingetragener Name mit **Rechtsform** (ggf. bei GbR: Angabe der weiteren Gesellschafter)

2 Ort und Nummer des Registereintrages

Angaben zur Person

3 **Name** | 4 **Vornamen** | 4a Geschlecht männl. ☐ weibl. ☐

5 Geburtsname (nur bei Abweichung vom Namen)

6 Geburtsdatum | 7 Geburtsort und -land

8 Staatsangehörigkeit(en) deutsch ☐ andere:

9 Anschrift der Wohnung (Straße, Haus-Nr., Plz, Ort; freiwillig: e-mail/web) | Telefon-Nr. | Telefax-Nr.

Angaben zum Betrieb

10 Zahl der geschäftsführenden Gesellschafter (nur bei Personengesellschaften)
Zahl der gesetzlichen Vertreter (nur bei juristischen Personen)

11 Vertretungsberechtigte Person/Betriebsleiter (nur bei inländischen Aktiengesellschaften, Zweigniederlassungen und unselbständigen Zweigstellen)
Name | Vornamen

Anschriften (Straße, Haus-Nr., Plz, Ort)

12 Betriebsstätte | Telefon-Nr. | Telefax-Nr. | freiwillig: e-mail/web

13 Hauptniederlassung (falls Betriebsstätte lediglich Zweigstelle ist) | Telefon-Nr. | Telefax-Nr. | freiwillig: e-mail/web

14 Frühere Betriebsstätte | Telefon-Nr. | Telefax-Nr.

15 Angemeldete Tätigkeit – ggf. ein Beiblatt verwenden (genau angeben: z. B. Herstellung von Möbeln, Elektroinstallationen und Elektroeinzelhandel, Großhandel mit Lebensmitteln usw; bei mehreren Tätigkeiten bitte Schwerpunkt unterstreichen)

16 Wird die Tätigkeit (vorerst) im Nebenerwerb betrieben? Ja ☐ Nein ☐

17 Datum des Beginns der angemeldeten Tätigkeit

18 Art des angemeldeten Betriebes: Industrie ☐ Handwerk ☐ Handel ☐ Sonstiges ☐

19 Zahl der bei Geschäftsaufnahme tätigen Personen (ohne Inhaber) Vollzeit ☐ Teilzeit ☐ Keine ☐

Die Anmeldung wird erstattet für

20 eine Hauptniederlassung ☐ eine Zweigniederlassung ☐ eine unselbständige Zweigstelle ☐

21 ein Automatenaufstellungsgewerbe ☐

22 ein Reisegewerbe ☐

Grund

23 24 **Neuerrichtung/ Übernahme** Neugründung ☐ Wiedereröffnung nach Verlegung aus einem anderen Meldebezirk ☐ Gründung nach Umwandlungsgesetz (z. B. Verschmelzung, Spaltung) ☐

Wechsel der Rechtsform ☐ Gesellschaftereintritt ☐ Erbfolge/Kauf/Pacht ☐

26 Name des früheren Gewerbetreibenden oder früherer Firmenname

Falls der Betriebsinhaber für die angemeldete Tätigkeit eine Erlaubnis benötigt, in die Handwerksrolle einzutragen oder Ausländer ist:

28 Liegt eine Erlaubnis vor? Ja ☐ Nein ☐ | Wenn Ja, Ausstellungsdatum und erteilende Behörde:

29 **Nur für Handwerksbetriebe** Liegt eine Handwerkskarte vor? Ja ☐ Nein ☐ | Wenn Ja, Ausstellungsdatum und Name der Handwerkskammer:

30 Liegt eine Aufenthaltsgenehmigung vor? Ja ☐ Nein ☐ | Wenn Ja, Ausstellungsdatum und erteilende Behörde:

31 Enthält die Aufenthaltserlaubnis eine Auflage oder Beschränkung? Ja ☐ Nein ☐ | Wenn Ja, sie enthält folgende Auflagen bzw. Beschränkungen:

Hinweis: **Diese Anzeige berechtigt nicht zum Beginn des Gewerbebetriebes, wenn noch eine Erlaubnis oder eine Eintragung in die Handwerksrolle notwendig ist. Zuwiderhandlungen können mit Geldbuße oder Geldstrafe oder Freiheitsstrafe geahndet werden. Diese Anzeige ist keine Genehmigung zur Errichtung einer Betriebsstätte entsprechend dem Planungs- und Baurecht.**

32 13.02.2008 (Datum) | 33 (Unterschrift)

33-1.010/9.06

unter 13 die Adresse und die Telefonnummer Ihrer Hauptniederlassung ein.

Sie benötigen zur Gewerbeanmeldung folgende Unterlagen:

- ❑ Personalausweis oder Pass mit aktueller Meldebescheinigung
- ❑ Gewerbemeldeformulare (Anmeldeformular, Ummeldeformular, Abmeldeformular)

Bestimmte Gruppen benötigen darüber hinaus:

- ❑ Kaufleute: Handelsregisterauszug
- ❑ Kapitalgesellschaften: Kopie des Gesellschaftsvertrages
- ❑ GbR: Vollmachten auch der Gesellschafter
- ❑ bei erlaubnispflichtiger Tätigkeit: Erlaubniserteilung
- ❑ Handwerksbetriebe: Handwerkskarte bei Eintragung in die Handwerksrolle
- ❑ nicht-deutsche Gewerbetreibende: die für die angemeldete Tätigkeit erforderliche Aufenthaltsgenehmigung

Als Gewerbeschein kann von nun an der Durchschlag des Anmeldeformulars überall vorgelegt werden. Je nach Onlineangebot Ihrer Gemeinde können Sie die Gewerbeanmeldung auch über das Internet unter Verwendung der elektronischen Signatur tätigen. Wenn keine elektronische Signatur eingesetzt wird, müssen Sie der zuständigen Stelle einen unterschriebenen Ausdruck per Post zusenden. Danach erhalten Sie die Bestätigung Ihrer Gewerbeanmeldung (den sogenannten Gewerbeschein) mit der Gebührenrechnung innerhalb von drei Tagen zugeschickt. Ansonsten bekommen Sie die Bestätigung direkt bei der Anmeldung ausgehändigt.
Wenn die Anmeldung nicht durch den Gewerbetreibenden selbst, sondern durch einen geschäftsführenden Gesellschafter oder einen gesetzlichen Vertreter vorgenommen wird, benötigt die mit der Anmeldung beauftragte Person eine schriftliche Vollmacht.

! Verschweigen Sie dem Gewerbeamt Ihre Selbstständigkeit nicht, sonst handeln Sie sich Ärger ein. Es droht ein Bußgeld. Dazu kommt: Das Finanzamt fordert Steuernachzahlungen, und Ihr Einkommen wird rückwirkend geschätzt. Diese Schätzung fällt fast immer zu Ihrem Nachteil aus.

Das Gewerbe- oder Ordnungsamt leitet die Gewerbeanmeldung an andere Stellen wie das Finanzamt, die Handwerkskammer oder die Industrie- und Handelskammer, das Registergericht und die Berufsgenossenschaft weiter.

Erlaubnis- und überwachungspflichtiges Gewerbe

Kümmern Sie sich frühzeitig um die nötigen Nachweise, denn oft sind mit der Beschaffung Wartezeiten verbunden oder Sie müssen erst noch etwas anderes erledigen, um die Voraussetzungen zu erfüllen. Eine Gewerbeanmeldung in dem entsprechenden Bereich und damit eine Förderung ist nur möglich, wenn die nötige Erlaubnis oder Zulassung vorliegt.

Grundsätzlich besteht in der Bundesrepublik Deutschland Gewerbefreiheit. Dennoch gibt es Ausnahmen von dieser Regel. Für einige Gewerbe sind besondere Zulassungsvoraussetzungen (Fachkundeprüfungen, Unterrichtungen, Konzessionen, Genehmigungen oder besondere Erlaubnisse) erforderlich. Um diese zu erfüllen, müssen Sie Ihre persönliche Zuverlässigkeit, Ihre fachliche Eignung und gegebenenfalls Ihre finanzielle Leistungsfähigkeit oder bestimmte räumliche Verhältnisse nachweisen.

Folgende gewerbliche Tätigkeiten sind erlaubnispflichtig:
Betrieb von Schank- und Speisewirtschaften, Verkauf von Lebensmitteln, Betrieb von Taxiunternehmen, Buchführungshelfer, Finanzdienstleister, Güterkraftverkehrsunternehmen, Handel mit freiverkäuflichen Arzneimitteln, Handel mit Waffen, Herstellung von Waffen und Arzneimitteln, Inkassobüros, Krankentransporte, Makler, Pflegedienste, Privatkrankenanstalten, Tätigkeiten im Bewachungsgewerbe, Versicherungsvermittler

Neben den erlaubnispflichtigen Gewerben gibt es weitere Gewerbe, die nach Paragraph 38 Gewerbeordnung überwachungsbedürftig sind und nur von besonders zuverlässigen Personen durchgeführt werden sollen. Diese Tätigkeiten erfordern bei der Gewerbeanmeldung keine spezielle Erlaubnis, unterliegen aber einer besonderen Überwachung durch die zuständige Gemeindeverwaltung. Nach der Gewerbeanmeldung müssen Sie ein Führungszeugnis und eine Auskunft aus dem Gewerbezentralregister beantragen und bei der Behörde vorlegen. Kommen Sie dieser Verpflichtung nicht nach, wird die Behörde diese Auskünfte von Amts wegen einholen.

Folgende Tätigkeiten sind überwachungsbedürftig:

- ❑ An- und Verkauf von Gebrauchtwaren, insbesondere von hochwertigen Konsumgütern, vor allem Unterhaltungselektronik, Computern, optischen Erzeugnissen, Fotoapparaten, Videokameras, Teppichen, Pelz- und Lederbekleidung sowie Kraftfahrzeugen und Fahrrädern, Alt- und Edelmetallen und edelmetallhaltigen Legierungen sowie Waren aus Edelmetall oder edelmetallhaltigen Legierungen, Edelsteinen, Perlen und Schmuck
- ❑ die Auskunftserteilung über Vermögensverhältnisse und persönliche Angelegenheiten (Auskunfteien, Detekteien)
- ❑ die Vermittlung von Eheschließungen, Partnerschaften und Bekanntschaften
- ❑ der Betrieb von Reisebüros und die Vermittlung von Unterkünften

- der Vertrieb und Einbau von Gebäudesicherungseinrichtungen einschließlich der Schlüsseldienste
- das Herstellen und Vertreiben spezieller diebstahlsbezogener Öffnungswerkzeuge

Über die speziellen Voraussetzungen und die zuständigen Stellen zur Erteilung von Erlaubnissen im Bereich der erlaubnispflichtigen Gewerbe und die zusätzlichen Kontrollen im Bereich der überwachungspflichtigen Gewerbe informiert ausführlich ein Merkblatt[5] der Industrie- und Handelskammern in Baden-Württemberg. Weitere Informationen erhalten Sie bei Ihrer zuständigen Kammer.

Mitgliedschaft bei der IHK

Die Industrie- und Handelskammern (IHK) sind die gesetzlich vorgeschriebenen Interessenvertretungen der Industrie und des Handels, wozu auch die meisten Dienstleister zählen. Für das Handwerk gibt es die Handwerkskammern (mehr dazu unten). Für einige freie Berufe (beispielsweise Ärzte oder Juristen) bestehen eigene Kammern. Die Mitgliedschaft in der IHK ist Pflicht für alle Gewerbetreibenden (auch Kleingewerbetreibende), für freie Beruf ist sie hingegen nicht möglich.

! Die IHK wird von der Gemeinde über Ihre Gewerbeanmeldung informiert. Sie werden daraufhin von der IHK kontaktiert.

Die IHK-Mitgliedschaft ist nicht umsonst. Die Jahresbeiträge sind von IHK zu IHK verschieden und bewegen sich je nach Betriebsgröße zwischen 25 und 500 Euro. Kleinunternehmer mit einem Gewerbeertrag bis 5.200 Euro sind per Gesetz beitragsfrei; Existenzgründer haben in den ersten Jahren noch einen höheren Freibetrag. Zu den Aufgaben der IHK gehört es, ihre Mitglieder zu beraten, insbesondere in Fragen

5. http://www.stuttgart.ihk24.de/produktmarken/starthilfe/gruendung/Anmeldung_eines_Unternehmens/Gewerbeerlaubnisse_und_Zulassungen.jsp.

der Existenzgründung. Viele Kammern führen daher Weiterbildungsseminare durch und informieren zu Fragen wie Steuern, Wettbewerbsrecht oder AGB-Recht. Dazu hat fast jede IHK auch ein gut ausgebautes Internetangebot. Die Beratungs- und Bildungsangebote sind dabei meist auf traditionelle Gewerbebetriebe und mittelständische Unternehmen ausgerichtet.

Handwerker

Seit 2004 ordnet die Handwerksordnung Handwerksberufe in drei Kategorien: zulassungspflichtige Handwerke, zulassungsfreie Handwerke und handwerksähnliche Gewerbe. Wenn Sie einen Handwerksbetrieb oder ein handwerksähnliches Gewerbe betreiben möchten, müssen Sie sich bei der zuständigen Handwerkskammer anmelden, ansonsten dürfen Sie Ihr Unternehmen nicht eröffnen. Als zulassungspflichtiger Handwerker werden Sie in die Handwerksrolle eingetragen; alle anderen Handwerker müssen sich in das Verzeichnis der zulassungsfreien Handwerke und handwerksähnlichen Gewerbe aufnehmen lassen.

In welche Kammer müssen Sie eintreten?

Tipp In der Regel sind Sie als Handwerker Pflichtmitglied in der Handwerkskammer, nicht in der Industrie- und Handelskammer. Wenn das Handwerk jedoch nur ein Hilfsbetrieb oder ein unerheblicher Nebenbetrieb ist, müssen Sie nicht in die Handwerkskammer, sondern in die IHK eintreten.

Wenn Sie jedoch eine gewerbliche und handwerkliche Tätigkeit ausüben, die mehr darstellt als eine Nebentätigkeit, kann es sein, dass Sie beiden Kammern beitreten müssen. Bei zulassungspflichtigen Handwerken ist das immer der Fall, bei zulassungsfreien Handwerken und handwerksähnlichen Gewerben nur dann, wenn die IHK-Tätigkeit einen geringeren Umfang hat als das Handwerk oder beide Tätigkeiten gleichgestellt sind. Wenn Ihr Unternehmen als Mischbetrieb beiden Kammern angehört, sind Sie bei der IHK von der Beitragszahlung (Umlage und Grundbeitrag) befreit, wenn sie nicht im Handelsregister eingetragen sind oder der Jahresumsatz im nichthandwerklichen Bereich unter 130.000 Euro liegt. Bei einem höheren Jahresumsatz wird die Umlage, nicht aber der Grundbeitrag, prozentual aufgeteilt. Die zur Aufteilung notwendigen Unterlagen können Sie bei der Handwerkskammer anfordern.

Ist Ihr Handwerk zulassungspflichtig?[6]

Ein zulassungsfreies Handwerk dürfen Sie selbstständig ausüben, auch wenn Sie kein Handwerksmeister sind. Aber Vorsicht: Zwar ist der Meisterzwang für diese Berufe gefallen – die Berufsbezeichnungen bleiben allerdings weiterhin geschützt: »Fotografiemeister« darf sich also nach wie vor nur nennen, wer die entsprechende Prüfung vorweisen kann. Für die handwerksähnlichen Gewerbe gelten die gleichen Bedingungen.

Tipp Wenn Sie ein zulassungsfreies Handwerk oder ein handwerksähnliches Gewerbe ausüben, sind Sie nicht rentenversicherungspflichtig.

Für zulassungspflichtige Handwerke besteht hingegen der Meisterzwang. Wer allerdings nach der Gesellenprüfung mindestens sechs Jahre Berufserfahrung hat, davon mindestens vier in leitender Stellung, ist einem Meister gleichgestellt und darf sich auch in diesen Berufen ohne Meisterprüfung selbstständig machen. Außerdem dürfen auch andere Betriebe Tätigkeiten ausüben, die für das jeweilige Handwerk »nicht wesentlich« sind und höchstens drei Monate Anlernzeit erfordern. Darüber hinaus sind zulassungspflichtige Handwerker Pflichtmitglied in der staatlichen Rentenversicherung.

6. Mehr dazu in der Handwerksordnung, die Sie unter http://bundesrecht.juris.de/hwo/index.htm abrufen können.

Zulassungsfreie Handwerke (Handwerksordnung Anlage B, Abschnitt 1)

Fliesen-, Platten- und Mosaikleger, Betonstein- und Terrazzohersteller, Estrichleger, Behälter- und Apparatebauer, Uhrmacher, Graveure, Metallbildner, Galvaniseure, Metall- und Glockengießer, Schneidwerkzeugmechaniker, Gold- und Silberschmiede, Parkettleger, Rolladen- und Jalousiebauer, Modellbauer, Drechsler (Elfenbeinschnitzer) und Holzspielzeugmacher, Holzbildhauer, Böttcher, Korbmacher, Damen- und Herrenschneider, Sticker, Modisten, Weber, Segelmacher, Kürschner, Schuhmacher, Sattler und Feintäschner, Raumausstatter, Müller, Brauer und Mälzer, Weinküfer, Textilreiniger, Wachszieher, Gebäudereiniger, Glasveredler, Feinoptiker, Glas- und Porzellanmaler, Edelsteinschleifer und -graveure, Fotografen, Buchbinder, Buchdrucker, Siebdrucker, Flexografen, Keramiker, Orgel- und Harmoniumbauer, Klavier- und Cembalobauer, Handzuginstrumentenmacher, Geigenbauer, Bogenmacher, Metallblasinstrumentenmacher, Holzblasinstrumentenmacher, Zupfinstrumentenmacher, Vergolder, Schilder- und Lichtreklamehersteller

Handwerksähnliche Gewerbe (Handwerksordnung Anlage B, Abschnitt 2)

Eisenflechter, Bautentrocknungsgewerbe, Bodenleger, Asphaltierer (ohne Straßenbau), Fuger (im Hochbau), Holz- und Bautenschutzgewerbe (Mauerschutz und Holzimprägnierung in Gebäuden), Rammgewerbe (Einrammen von Pfählen im Wasserbau), Betonbohrer und -schneider, Theater- und Ausstattungsmaler, Herstellung von Drahtgestellen für Dekorationszwecke in Sonderanfertigung, Metallschleifer und Metallpolierer, Metallsägen-Schärfer, Tankschutzbetriebe (Korrosionsschutz von Öltanks für Feuerungsanlagen ohne chemische Verfahren), Fahrzeugverwerter, Rohr- und Kanalreiniger, Kabelverleger im Hochbau (ohne Anschlussarbeiten), Holzschuhmacher, Holzblockmacher, Daubenhauer, Holz-Leitermacher (Sonderanfertigung), Muldenhauer, Holzreifenmacher, Holzschindelmacher, Einbau von genormten Baufertigteilen (zum Beispiel Fenster, Türen, Zargen, Regale), Bürsten- und Pinselmacher, Bügelanstalten für

Herren-Oberbekleidung, Dekorationsnäher (ohne Schaufensterdekoration), Fleckteppichhersteller, Klöppler, Theaterkostümnäher, Plisseebrenner, Posamentierer, Stoffmaler, Stricker, Textil-Handdrucker, Kunststopfer, Änderungsschneider, Handschuhmacher, Ausführung einfacher Schuhreparaturen, Gerber, Innerei-Fleischer (Kuttler), Speiseeishersteller (mit Vertrieb von Speiseeis mit üblichem Zubehör), Fleischzerleger, Ausbeiner, Appreteur, Dekateur, Schnellreiniger, Teppichreiniger, Getränkeleitungsreiniger, Kosmetiker, Maskenbildner, Bestattungsgewerbe, Lampenschirmhersteller (Sonderanfertigung), Klavierstimmer, Theaterplastiker, Requisiteur, Schirmmacher, Steindrucker, Schlagzeugmacher

Zu den zulassungspflichtigen Handwerken gehören (Handwerksordnung Anlage A)
Maurer und Betonbauer, Ofen- und Luftheizungsbauer, Zimmerer, Dachdecker, Straßenbauer, Wärme-, Kälte- und Schallschutzisolierer, Brunnenbauer, Steinmetzen und Steinbildhauer, Stukkateurer, Maler und Lackierer, Gerüstbauer, Schornsteinfeger, Metallbauer, Chirurgiemechaniker, Karosserie- und Fahrzeugbauer, Feinwerkmechaniker, Zweiradmechaniker, Kälteanlagenbauer, Informationstechniker, Kraftfahrzeugtechniker, Landmaschinenmechaniker, Büchsenmacher, Klempner, Installateur und Heizungsbauer, Elektrotechniker, Elektromaschinenbauer, Tischler, Boots- und Schiffbauer, Seiler, Bäcker, Konditoren, Fleischer, Augenoptiker, Hörgeräteakustiker, Orthopädietechniker, Orthopädieschuhmacher, Zahntechniker, Friseure, Glaser, Glasbläser und Glasapparatebauer, Vulkaniseure und Reifenmechaniker

Eintrag in das Handelsregister

Wenn im Kalenderjahr Ihr Gewinn höher ist als 50.000 Euro beziehungsweise Ihr Umsatz höher ist als 500.000 Euro, sind Sie als Gewebetreibender verpflichtet, sich ins Handelsregister eintragen zu lassen. Diese Eintragung kostet derzeit 84 Euro. Sie gelten dann als Kaufmann (HGB §1). Das Handelsregister wird vom Ordnungsamt von der Gewerbeanmeldung informiert. Freiberufler brauchen sich

Tipp Das Handelsregister, in dem zum Beispiel die Teilhaber, die Geschäftsanteile und die Geschäftsführer von Kapitalgesellschaften eingetragen sind, werden bei jedem Amtsgericht geführt und sind öffentlich einsehbar – auch via Internet, wo sie seit 2007 unter www.unternehmensregister.de in einer bundesweiten Datenbank zusammengefasst sind.

ebenso wenig eintragen zu lassen wie Kleingewerbetreibende unterhalb besagter Grenze. Letztere können sich aber freiwillig eintragen lassen und dies auch jederzeit, sofern Sie unter der entsprechenden Umsatz- und Gewinngrenze bleiben, wieder rückgängig machen. Wenn Sie Ihren Umsatz und Gewinn im ersten Geschäftsjahr nicht allzu hoch schätzen und auch nicht gleich eine GmbH gründen wollten, sollten Sie mit dem Handelsregistereintrag aber erst einmal warten, denn die damit verbundenen Vorteile erkaufen Sie sich mit einem sehr hohen bürokratischen Aufwand. Mit den Pflichten entfallen natürlich auch die Rechte!

Im Handelsregister eintragen lassen müssen sich:

- ❑ alle Gewerbetreibenden, die mehr als 50.000 Euro Gewinn beziehungsweise 500.000 Euro Umsatz im Jahr haben (sie gelten dann als Kaufleute)
- ❑ alle Kapitalgesellschaften
- ❑ alle Personengesellschaften oberhalb der Kleingewerbegrenze
- ❑ für Partnerschaftsgesellschaften gibt es ein eigenes Partnerschaftsregister
- ❑ Freiberufler dürfen sich nicht ins Handelsregister eintragen lassen, außer sie gründen eine entsprechende Gesellschaftsform.

Zu den Vorteilen, die der Eintrag ins Handelsregister bietet, gehört die freie Namenswahl. Denn wer in Deutschland Geschäfte macht, muss dabei entweder seinen vollen Namen benutzen – oder er muss unter der Bezeichnung, die er benutzt, im Handelsregister eingetragen sein, damit jeder, der das möchte, sich von seinen Geschäftspartnern ein Bild machen kann. Daher ist der Firmenname im Handelsregister auch der Name, der auf allen Korrespondenzen des Unternehmens samt

Rechtsform (ausgedrückt durch »eingetragener Kaufmann« oder abgekürzt e.K.), Sitz und Registernummer stehen muss – auch im E-Mail-Verkehr. Das kann dem Namen auch einen seriösen Anstrich geben. Auch im Rechtsverkehr ist der Firmenname gültig und die Firma kann unter diesem Namen auch von anderen weitergeführt werden. Man haftet damit aber automatisch für die Verbindlichkeiten seines Vorgängers. Wer hingegen nicht ins Handelsregister eingetragen ist, muss in der Regel sein Unternehmen unter seinem eigenen Namen führen und schon von außen deutlich machen: Hier handelt es sich um einen Nicht-Kaufmann.

Kaufleuten wird mehr wirtschaftliche Selbstverantwortung abverlangt als anderen Existenzgründern. So gelten Bürgschaften bei ihnen auch mündlich.

Nachteile des Handelsregistereintrags sind jedoch die vollen Pflichten eines ordentlichen Kaufmanns: Sie unterliegen dann den strengen Regelungen des Handelsgesetzes und müssen eine doppelte Buchführung mit jährlichen Bilanzen erstellen. Eine einfache Einnahmenüberschussrechnung reicht dann nicht mehr aus. Die Verletzung dieser handelsrechtlichen Buchführungspflichten ist strafbar, wenn das Unternehmen die Zahlungen einstellt und die Firma pleite geht. Es drohen Geld- oder gar Freiheitsstrafen.

Tipp

Der größte Vorteil des Handelsregistereintrags ist die freie Namenswahl für das eigene Unternehmen. Unabhängig davon, welche Rechtsform Sie haben, können Sie sich Ihren Namen frei aussuchen, sofern kein anderer die Rechte daran hat. Ihrer Fantasie sind keine Grenzen gesetzt. Wenn Sie jedoch nicht im Handelsregister eingetragen sind, muss in Ihrem offiziellen Firmennamen zumindest Ihr Name auftauchen (bei einer GbR die Namen von mindestens zwei Gesellschaftern). Diesen Namen müssen Sie auch in allen Korrespondenzen verwenden.

Schritt 5:
Die Anmeldung beim Finanzamt

Nachdem Sie ein Gewebe angemeldet haben, kontaktiert die Gemeinde automatisch das zuständige Finanzamt, und Sie bekommen das Formular zur Anmeldung beim Finanzamt automatisch zugeschickt. Freiberufler, die bei einer Unternehmensgründung keine Gewerbeanmeldung benötigen, müssen sich hingegen selbst beim Finanzamt melden. Um eine Steuernummer zu erhalten, müssen Sie in jedem Fall den Fragebogen zur steuerlichen Erfassung ausfüllen, der nachfolgend für Kleinunternehmer erläutert werden soll. Damit Sie aber wissen, was Sie überhaupt eintragen müssen, sollten Sie sich zunächst mit den wichtigsten Steuerformen beschäftigen.

Welche Steuern gibt es?

Wie viel Sie am Ende von Ihrem erwirtschafteten Geld in der Tasche behalten können, hängt auch nicht zuletzt davon ab, wie viele und welche Steuern Sie bezahlen müssen. Und das wiederum hängt maßgeblich davon ab, welche Rechtsform Sie gewählt haben und welche Angaben Sie in dem Fragebogen zur steuerlichen Erfassung machen. Daher zunächst eine kleine Übersicht über die verschiedenen Steuerformen – damit Sie wissen, welche Einträge Sie machen dürfen.

Einkommenssteuer

Sie müssen für Ihren Gewinn, sofern er oberhalb bestimmter Freibeträge liegen, Einkommenssteuer abführen. Der Gewinn ist der Betrag, der sich nach Abzug aller Betriebskosten ergibt. Im Prinzip sind alle Kosten, die im Zusammenhang mit der Erwirtschaftung der Einnahmen stehen, absetzbar. In der Praxis gibt es für das Absetzen dieser Kosten teilweise recht komplizierte Regelungen, die Ihnen am besten ein Steuerberater erläutern kann. Die Einkommen werden in verschiedene Einkommensarten aufgeteilt, was nicht ohne Folgen für die Besteuerung bleibt.

- Einkommen aus Gewerbebetrieben: Was ein Gewerbebetrieb ist, wurde bereits in Schritt 4 ausführlich definiert.
- Einkünfte aus selbstständiger Tätigkeit: Damit sind ist das Einkommen aus nicht gewerblichen Unternehmen, also in der Regel aus freiberuflicher Arbeit, gemeint.
- Einkünfte aus Kapitalvermögen: Diese Steuern fallen für Einkünfte aus Zinsen von Sparguthaben oder Aktien an, sofern sie bestimmte Freibeträge übersteigen.

Die Steuererklärung besteht aus mehreren Formularen. Wichtig sind vor allem die Formulare für die Einkommenssteuererklärung (Formular »ESt«), für die Einkünfte aus Gewerbebetrieb und aus selbstständiger Arbeit (Anlage »GSE«) und für die Einnahmenüberschussrechnung (Anlage »EÜR«). Letztere müssen nur diejenigen Selbstständigen abgeben, die nicht zur Vorlage einer Bilanz verpflichtet sind und nicht die Kleinunternehmerregelung des § 19 UStG (siehe unten) in Anspruch nehmen, also keine Umsatzsteuer erheben. Alle anderen müssen eine Bilanz abgeben beziehungsweise dürfen als EÜR weiterhin eine formlose Aufstellung von Betriebseinnahmen und Betriebsausgaben abgeben. Der Gewinn wird in die Einkommenssteuererklärung – und gegebenenfalls in die Gewerbesteuererklärung – eingetragen. Wer außerdem noch Einkünfte aus anderen, nicht selbstständigen Tätigkeiten hat, trägt diese ebenfalls in das Formular zur Einkommenssteuererklärung ein.

! Folgende Fristen gelten für die Einkommenssteuer: Die Steuererklärung ist unaufgefordert jeweils bis zum 31. Mai (bei Einschaltung eines Steuerberaters bis zum 30. September) für das Vorjahr abzugeben. Sie können beim Finanzamt allerdings auch formlos eine Fristverlängerung beantragen. Die Einkommenssteuererklärung kann mittlerweile auch auf elektronischem Wege via Internet abgegeben werden (das dazugehörige Programm Elster ist unter www.finanzamt.de kostenlos zu erhalten).

Körperschaftssteuer

Die Körperschaftssteuer fällt nur für Kapitalgesellschaften an. Versteuert werden deren Gewinne, von denen ein Freibetrag abgezogen wird. Beim Steuersatz gibt es, anders als bei der Einkommenssteuer, keine einkommensabhängige Progression. Seit dem 1. Januar 2008 beträgt der Steuersatz unabhängig von der Höhe der Gewinne einheitlich 15 Prozent (zuvor waren es 25 Prozent).

Auf die Körperschafts- oder Einkommenssteuer wird zusätzlich noch der Solidaritätszuschlag erhoben.

Kirchensteuer

Kirchensteuer wird nur von natürlichen Personen, die Mitglied einer Kirche sind, gezahlt, nicht aber von Gesellschaften. Das maßgebliche Einkommen ist bei Personengesellschaften der gesamte Gewinn des Unternehmers. Bei Kapitalgesellschaften wird nur der ausgeschüttete Gewinnanteil sowie das Gehalt, das der Unternehmer als Geschäftsführer bezieht, zugrunde gelegt.

Gewerbesteuer

Die Gewerbesteuer ist eine kommunale Steuer, weshalb sie bei der letzten Steuerreform, die im Januar 2008 in Kraft getreten ist, offiziell in Gemeindewirtschaftssteuer umbenannt wurde. Jeder, der in Deutschland ein Gewerbe angemeldet hat, vom Einzelunternehmer bis zur Aktiengesellschaft, muss diese Gewerbesteuer zahlen. Einige Berufsgruppen gelten nicht als Gewerbetreibende und müssen daher auch keine Gewerbesteuer zahlen (siehe dazu Schritt 4 in diesem Buch). Allerdings setzt die Gemeindewirtschaftssteuer bei Einzelunternehmern und Personengesellschaften erst ein, wenn deren Gewinn 24.500 Euro überschreitet. Von den übrigen Unternehmen erhalten einige – insbesondere gemeinnützige – einen Freibetrag von 3.900

Euro. Für normale Kapitalgesellschaften gibt es hingegen keinen Freibetrag. Erst bei Gewerbeerträgen, die über diese Freibeträge hinausgehen, fällt eine Gemeindewirtschaftssteuer an, die von jeder Gemeinde individuell festgelegt wird. Berechnet wird diese Gemeindewirtschaftssteuer so:
Zunächst wird der Steuermessbetrag errechnet. Dazu muss man den Gewerbeertrag und die Messzahl kennen. Ersteres ist logischerweise je nach Unternehmen verschieden. Ausgangspunkt ist der Jahresgewinn eines Gewerbebetriebs vor Steuern, zuzüglich Hinzurechnungen gemäß Paragraph 8 Gewerbesteuergesetz, abzüglich Kürzungen gemäß Paragraph 9 Gewerbesteuergesetz.

Tipp Was genau hinzugerechnet und abgezogen werden kann, finden Sie in den Paragraphen 8 und 9 des Gewerbesteuergesetzes in: http://bundesrecht.juris.de/gewstg.

Die Messzahl hingegen beträgt für alle einheitlich 3,5 Prozent; der früher gewohnte Staffeltarif, bei dem die Messzahl mit steigendem Gewerbeertrag stieg, wurde seit 2008 abgeschafft. Der Steuermessbetrag ist dann der Gewerbeertrag (gegebenenfalls abzüglich des Freibetrags), multipliziert mit der Messzahl.

z.B. Frau W. ist Gewerbetreibende und Einzelunternehmerin mit einem Gewerbeertrag von 36.000 Euro. Der Steuermessbetrag beträgt bei ihr (36.000 – 24.500 * 3,5/100 =) 402,50 Euro.

Wie hoch nun die Gemeindewirtschaftssteuer ist, die Sie tatsächlich bezahlen müssen, hängt vom Hebesatz Ihrer Gemeinde ab. Dieser Hebesatz kann von Gemeinde zu Gemeinde unterschiedlich sein. Im Jahr 2007 lag er zum Beispiel in Kaiserslautern bei 395 Prozent, in Düsseldorf bei 445 Prozent und in München bei 490 Prozent. Generell gilt, dass der Hebesatz in Ballungszentren höher ist als in Randgebieten. Die Hebesätze aller Gemeinden über 50.000 Einwohner finden Sie hier: http://www.dihk.de/index.html?/inhalt/themen/rechtundfairplay/steuerrecht/gewerbesteuer/index.html

Die Höhe der von Ihnen zu entrichtenden Gemeindewirtschaftssteuer errechnet sich nun aus dem Steuermessbetrag multipliziert mit dem Hebesatz. Frau W. würde demnach in Kaiserslautern 1587,90 Euro, in Düsseldorf 1791,13 Euro und in München 1997,25 Euro Gewerbesteuer zahlen. Es kann sich also lohnen, bei der Wahl des Firmenstandortes als Gewerbetreibender die Höhe der Hebesätze mit einzukalkulieren. Allerdings sollte die Gewerbesteuer nicht überbewertet werden, da sich durch die Gewerbesteuer die Einkommensteuer reduziert: Gewerbesteuerpflichtige Personen und Personengesellschaften, nicht aber Kapitalgesellschaften, bekommen bei der Einkommenssteuer nämlich eine Steuerermäßigung vom 3,8fachen (für 2007 noch: 1,8fachen) des festgesetzten Gewerbesteuer-Messbetrages. Das wären bei 36.000 Euro Gewerbeertrag 1529,50 Euro, die in voller Höhe von der Einkommensteuerschuld (nicht vom Gewerbeertrag!) abgezogen werden dürfen. Die Ermäßigung darf aber nicht höher sein als die tatsächliche Gewerbesteuer, da der Gesetzgeber eine »negative Gewerbesteuer« ausgeschlossen hat. Daher führt die Ermäßigung auch nicht mehr zu einer Erstattung, wie sie mit Hilfe dieser Ermäßigung bis 2007 möglich war und von einigen Gemeinden auch gezielt zur Unternehmensanwerbung eingesetzt wurde. Bis zum Jahre 2007 konnte zusätzlich die an das Finanzamt abgeführte Gewerbesteuer noch als Betriebsausgabe geltend gemacht und so zusätzlich steuermindernd eingesetzt werden. Vom Jahre 2008 an ist dieses Privileg ersatzlos gestrichen. Umgekehrt werden aber auch die Erstattungen, die es ab 2008 ja nicht mehr gibt, nicht mehr als Betriebseinnahme erfasst.

! Die Gewerbesteuererklärung wird einmal jährlich abgegeben. Wenn das Finanzamt Sie dazu auffordert, müssen Sie darüber hinaus ein- bis viermal im Jahr Vorauszahlungen leisten.

Mehrwertsteuer/Umsatzsteuer

Alle Unternehmen schlagen die Umsatzsteuer auf ihre Rechnungen auf und geben sie dann an das Finanzamt weiter. Es handelt sich meist um 19 Prozent der Rechnungssumme, in Berufen, die mit Kunst und Medien zu tun haben, sind es nur 7 Prozent. Allerdings dürfen sie von diesem Betrag die Vorsteuer abziehen, also die Umsatzsteuer, die sie selbst auf ihre Betriebsausgaben gezahlt haben. Sie führen also nur die Steuer auf den »Mehrwert«, den sie mit Ihrem Unternehmen geschaffen haben, ab. Bezahlt wird die Umsatzsteuer faktisch nur von den Endverbrauchern.

Tipp Kleinunternehmer bis zu einem Verdienst von 17.500 Euro im Jahr können sich auf dem Fragebogen zur steuerlichen Erfassung (siehe unten) von der Umsatzsteuer befreien lassen und dürfen diese auch nicht erheben, sondern müssen in Ihrer Rechnung darauf hinweisen, dass sie nach § 19 UstG von der Umsatzsteuer befreit sind. Dann können Sie aber auch keine Vorsteuer abziehen.

Die Buchführung für die Einkommenssteuer machen Sie mit Nettobeträgen, für die Mehrwertsteuer führen Sie dann eine Extra-Rechnung durch. Als Umsatzsteuerpflichtiger müssen Sie auf jeder Rechnung den Mehrwertsteuersatz, der für die jeweilige Leistung vorgeschrieben ist, und den Mehrwertsteuerbetrag verzeichnen. Verkaufen Sie ohne Rechnung an Privatkunden? Dann müssen Sie aus dem Kaufpreis die Mehrwertsteuer herausrechnen. Alle Mehrwertsteuereinnahmen und -ausgaben (Vorsteuer) fassen Sie einmal im Jahr in der Umsatzsteuererklärung zusammen. Die Differenz überweisen Sie an das Finanzamt. Wer sich selbstständig macht, muss eine solche Abrechnung bis zum Ende des zweiten Jahres monatlich machen. Diese Abrechnung heißt Umsatzsteuervoranmeldung und stellt eine Art vorläufige Umsatzsteuererklärung dar.
Die Umsatzsteuerbefreiung kann sinnvoll sein, denn Privatleute, kirchliche und öffentlich-rechtliche Medien oder kommunale Einrichtungen, etwa Volkshochschulen, sind selbst von der Umsatzsteuer befreit und werden diese zusätzliche Ausgabe, die sie ja nicht an das Finanzamt weiterreichen können, häufig nicht zahlen. Wenn sie viele solcher Kunden haben, verlieren Sie als Unternehmen dann mehr, als Sie

z.B. Gesamtumsatz im Jahr: **10.000 Euro**
hierauf Umsatzsteuer: **19 Prozent = 1.900 Euro**
abzüglich abziehbare, von anderen Unternehmen in Rechnung gestellte Vorsteuern, also Umsatzsteuer, die auf Betriebsausgaben bereits beim Kauf gezahlt wurde (diese dürfen Sie behalten): **– 500 Euro**
zu entrichtende Umsatzsteuer an das Finanzamt: **1.400 Euro**

gewinnen, da Sie die Umsatzsteuer von Ihrem Honorar abziehen müssen. Ein weiterer Vorteil der Befreiung: Die Umsatzsteuererklärung entfällt. Diese kann gerade dann sehr aufwendig sein, wenn Sie als Kleinselbstständiger und Freiberufler verschiedene Tätigkeiten nebeneinander betreiben, für die gegebenfalls unterschiedliche Prozentsätze (0/7/19 Prozent) zu zahlen sind. Der Aufwand mit der Umsatzsteuer sollte also in einem vernünftigen Verhältnis zum Nutzen stehen.

So wird die Umsatzsteuererklärung gemacht:

- ❑ Umsatz (netto), gegebenenfalls aufgegliedert nach verschiedenen Steuersätzen (0/7/19 Prozent)
- ❑ die sich daraus zu errechnenden Mehrwertsteuereinnahmen
- ❑ die abziehbare Vorsteuer (mehr zur Vorsteuer unten)
- ❑ an das Finanzamt zu entrichtender Betrag (Mehrwertsteuereinnahmen minus Vorsteuer)
- ❑ Die Umsatzsteuervoranmeldung besteht im Prinzip aus denselben wenigen Zahlen wie die Umsatzsteuererklärung.

Bei Beginn einer unternehmerischen Tätigkeit ist der voraussichtliche Umsatz im Kalenderjahr zu schätzen. Wenn dieser 17.500 Euro nicht übersteigt, können Sie frei entscheiden, ob Sie diese Regelung in Anspruch nehmen oder nicht. Wenn Sie sie in Anspruch nehmen, dürfen Sie keine Umsatzsteuer gesondert ausweisen und können auch keine Vorsteuer geltend machen. Dann brauchen Sie auch keine Umsatzsteuer-Identifikationsnummer auf erstellten Rechnungen anzugeben und müssen sich nicht monatlich mit der Vorsteuer herumschlagen. Wenn Sie allerdings davon ausgehen, dass mit Vorsteuerbe-

trägen in gewissem Umfang zu rechnen ist, oder wenn Sie eine pauschale Vorsteuer abführen können, so ist die freiwillige Umsatzsteuerveranlagung sinnvoll, da nur so der Vorsteuerabzug möglich wird.
Freien Künstlern und Publizisten sowie den meisten Handwerkern und Einzelhändlern erlaubt das Finanzamt nach §§ 69 und 70 der Umsatzsteuer-Durchführungsverordnung (http://bundesrecht.juris.de/ustdv_1980/anlage_103.html), ihre Vorsteuer vereinfacht pauschal nach einem bestimmten Prozentsatz vom Umsatz zu berechnen. Voraussetzung für die Anwendung der Pauschale ist, dass der Umsatz in Ihrem Beruf im letzten Jahr nicht höher als 61.356 Euro war oder Sie im ersten Jahr Ihren Umsatz nicht höher schätzen. Dass die pauschale Abrechnung ungünstiger ist als die Einzelabrechnung, passiert nur bei sehr hohen Betriebsausgaben, zudem ist eine pauschale Vorsteuer praktischer als eine Zettelwirtschaft aus Belegen.

z.B. Ein Elektroinstallateur darf die Vorsteuer mit 9,1 Prozent ansetzen. Bei 100.000 Euro Umsatz rechnet er dann nur noch:
Eingenommene Umsatzsteuer: 19 Prozent von 100.000 = 19.000 Euro,
Vorsteuer pauschal: 9,1 Prozent von 100.000 = 9.100 Euro,
an das Finanzamt abzuführen: 19.000 Euro – 9.100 Euro = 9.900 Euro.
Diese Zahl wird in das Feld 63 der Umsatzsteuervoranmeldung beziehungsweise das Feld 333 der Umsatzsteuererklärung eingetragen – fertig! 9.100 Euro darf der Handwerker behalten.

Folgende Fristen gelten bei der Umsatzsteuer:

- ❑ Wenn Sie sich zunächst für eine Umsatzsteuerbefreiung entschieden hatten und nun doch Umsatzsteuer abführen wollen, müssen Sie dies gegenüber dem Finanzamt schriftlich erklären. Diese Entscheidung ist für fünf Jahre bindend.

- Sie müssen jeweils bis zum 31. Mai Ihre Umsatzsteuererklärung für das Vorjahr abgeben und die Steuerschuld im Gegensatz zur Einkommenssteuer ohne Aufforderung durch das Finanzamt bezahlen – spätestens einen Monat nach Abgabe der Steuererklärung. Einen Steuerbescheid gibt es meist nicht!
- Damit der Fiskus nicht so lange auf sein Geld warten muss, verlangt er von den meisten Selbstständigen regelmäßige Umsatzsteuervoranmeldungen, eine Art vorläufige Umsatzsteuererklärung, vierteljährlich von allen, die im Vorjahr eine Umsatzsteuerschuld von über 512 Euro hatten, und monatlich von allen, die im Vorjahr eine Umsatzsteuerschuld von über 6.136 Euro hatten.
- Als Neu-Selbstständiger müssen Sie ohne Aufforderung durch das Finanzamt und unabhängig vom Umsatz vom Gründungsmonat an bis zum Ende des folgenden Kalenderjahres monatliche Voranmeldungen abgeben – vorausgesetzt natürlich, Sie haben sich nicht von der Umsatzsteuer befreien lassen.
- Die Vorsteueranmeldung ist jeweils zehn Tage nach Ende des betreffenden Zeitraums abzugeben – für das 4. Quartal 2007 also bis zum 10. Januar 2008 – und zum gleichen Termin zu bezahlen. Auf Antrag verlängert das Finanzamt die Anmeldungs- und Zahlungsfrist bis auf Widerruf um jeweils einen Monat, im obigen Fall also bis zum 10. Februar 2008. Dieser Antrag auf Dauerfristverlängerung ist auf einem besonderen Formular zu stellen, das das Finanzamt auf Anforderung zuschickt. Seit 2005 muss die Umsatzsteuervoranmeldung über das Elster-Programm via Internet abgegeben werden.

Der Fragebogen zur steuerlichen Erfassung

Unter den Punkten 1. Allgemeine Angaben werden die persönlichen Daten des Unternehmers/der Unternehmerin abgefragt. Punkt 1.1 erfragt die Unternehmerdaten, Punkt 1.2 die Angaben zu dem Ehegatten und Punkt 1.3 die Angaben zu den Kindern, 1.4 die Bankverbin-

Tipp Der Fragebogen kann auch unter http://www.finanzamt.de heruntergeladen werden. Nachfolgend finden Sie Ausfüllhinweise zum Fragebogen für Personengesellschaften. Das Formular existiert allerdings auch noch in einer Variante für Kapitalgesellschaften.

dung (erleichtert die Zusammenarbeit mit dem Finanzamt), 1.5, ob der Steuerpflichtige steuerlich beraten wird und wenn ja von wem, 1.6, wer der Empfangsbevollmächtigte ist, 1.7 die bisherigen persönlichen Verhältnisse (frühere Anschrift).

Unter Punkt 2 werden »Angaben zur gewerblichen, selbstständigen (freiberuflichen) oder land- und forstwirtschaftlichen Tätigkeit« verlangt. Punkt 2.1 erfragt die Art des ausgeübten Gewerbes/der Tätigkeit – geben Sie hier also an, ob Sie beispielsweise ein Übersetzungsbüro betreiben oder Software verkaufen. Unter Punkt 2.2 nennen Sie die Anschrift des Unternehmens und unter Punkt 2.3 die Anschriften der Betriebsstätten (denn diese kann ja vom Hauptsitz abweichen). Unter 2.4 tragen Sie ein, ob eine Kammerzugehörigkeit gegeben ist – das betrifft alle Gewerbetreibenden, Handwerker und verkammerte Freiberufler –, unter 2.5, ob das Unternehmen bereits in das Handelsregister eingetragen wurde (wenn ja, ist ein Handelsregisterauszug beizufügen). Bei 2.6 tragen Sie den Ort der Geschäftsleitung ein (dieser kann ja vom Sitz des Unternehmens abweichen), bei 2.7 die Gründungsform (Neugründung oder Übernahme) und unter 2.8 die bisherigen betrieblichen Verhältnisse.

Unter Punkt 3 werden die Einkünfte, Sonderausgaben und Steuerabzugsbeträge des Unternehmensgründers und seiner Ehefrau erfragt. Hierbei sollten Sie realistische Schätzungen oder leicht zu niedrige Schätzungen abgeben, da nach dieser Angabe die Steuervorauszahlungen bis zur ersten Steuererklärung als Selbstständiger berechnet werden. Vielleicht lassen sich Zahlen vergleichbarer Unternehmen (gleiche Branche oder Gründungsjahr) ermitteln. Je niedriger Sie Ihr Einkommen ansetzen, desto weniger Vorauszahlungen müssen Sie leisten. Zu hoch geleistete Vorauszahlungen liegen dagegen bis zur Jahreserklärung unverzinst beim Finanzamt.

Zutreffendes bitte ankreuzen ☒ oder ausfüllen

An das Finanzamt

Aktenzeichen/Steuernummer

Eingangsstempel oder -datum

Fragebogen zur steuerlichen Erfassung

☐ **Aufnahme einer gewerblichen, selbständigen (freiberuflichen) oder land- und forstwirtschaftlichen Tätigkeit**

☐ **Beteiligung an einer Personengesellschaft/-gemeinschaft**
- Bitte beantworten Sie nur die Fragen zu Abschnitt 1, Abschnitt 2 - nur Textziffer 2.8, Abschnitt 3 und Abschnitt 8 -

1 Allgemeine Angaben

1.1 Steuerpflichtige(r)/Beteiligte(r)

1	Vor- und Zuname (ggf. Geburtsname)		
2	Geburtsdatum	Religion	Ausgeübter Beruf
3	Straße, Hausnummer	PLZ (Straßenadresse)	Wohnort
4	Postfach	PLZ (Postfachadresse)	Ort
5	Persönliches Identifikationsmerkmal (Personalausweis-/Reisepassnummer)		
6	Kommunikationsverbindungen		
	Telefon (Festnetz, ggf. Mobiltelefon)	Telefax	E-Mail

7	Familienstand			
	verheiratet seit	verwitwet seit	geschieden seit	dauernd getrennt lebend seit

1.2 Ehegatte

8	Vor- und Zuname (ggf. Geburtsname)		
9	Geburtsdatum	Religion	Ausgeübter Beruf
10	Straße, Hausnummer, PLZ, Wohnort (falls abweichend)		
11	Persönliches Identifikationsmerkmal (Personalausweis-/Reisepassnummer)		

1.3 Kinder mit Wohnsitz im Inland

	Vorname (ggf. abweichender Familienname)	Geburtsdatum
12		
13		
14		

1.4 Bankverbindung(en) für Steuererstattungen/Lastschrifteinzugsverfahren (LEV)

15 ☐ **Alle Steuererstattungen** sollen an folgende Bankverbindung erfolgen:

Kontonummer	BLZ	Geldinstitut (Name, Ort)	Kontoinhaber(in)

16 ☐ **Personensteuererstattungen** (z.B. Einkommensteuer) sollen an folgende Bankverbindung erfolgen:

Kontonummer	BLZ	Geldinstitut (Name, Ort)	Kontoinhaber(in)

17 ☐ **Betriebsteuererstattungen** (z.B. Umsatz-, Lohnsteuer) sollen an folgende Bankverbindung erfolgen:

Kontonummer	BLZ	Geldinstitut (Name, Ort)	Kontoinhaber(in)

18 Möchten Sie am **Lastschrifteinzugsverfahren**, dem für beide Seiten einfachsten Zahlungsweg, teilnehmen?

☐ Ja, die ausgefüllte Teilnahmeerklärung ist beigefügt.

31-072 Thür. LFD (01/2006)

Hinweis: Die mit diesem Fragebogen angeforderten Daten werden aufgrund der §§ 88, 90, 93, 97 und 138 der Abgabenordnung erhoben.

- 2 -

1.5 Steuerliche Beratung

19 ☐ nein ☐ ja | Name und Anschrift

Kommunikationsverbindungen

20 Telefon (Festnetz, ggf. Mobiltelefon) | Telefax | E-Mail (ggf. Internetadresse)

1.6 Empfangsbevollmächtigte(r) für alle Steuerarten (kann nur mit beigefügter gesonderter Vollmacht berücksichtigt werden)

21 Name und Anschrift

Zuständigkeit der/des Empfangsbevollmächtigten

22 ☐ Feststellungs-/Festsetzungs- <u>und</u> Erhebungsverfahren ☐ <u>nur</u> Feststellungs-/Festsetzungsverfahren ☐ <u>nur</u> Erhebungsverfahren

1.7 Bisherige persönliche Verhältnisse

Falls Sie innerhalb der letzten 12 Monate zugezogen sind:

23 Zugezogen am | Frühere Anschrift (Straße, Hausnummer/Postfach, PLZ, Ort)

Waren Sie (oder ggf. Ihr Ehegatte) in den letzten drei Jahren für Zwecke der Einkommensteuer steuerlich erfasst?

24 ☐ nein ☐ ja | Finanzamt, Steuernummer

2 Angaben zur gewerblichen, selbständigen (freiberuflichen) oder land- und forstwirtschaftlichen Tätigkeit

2.1 Art des ausgeübten Gewerbes/der Tätigkeit – ggf. den Schwerpunkt angeben! -

25

2.2 Anschrift des Unternehmens

26 Bezeichnung

27 Straße, Hausnummer | PLZ (Straßenadresse) | Ort

28 Postfach | PLZ (Postfachadresse) | Ort

Kommunikationsverbindungen

29 Telefon (Festnetz, ggf. Mobiltelefon) | Telefax | E-Mail (ggf. Internetadresse)

2.3 Betriebstätten

Werden in mehreren Gemeinden Betriebstätten unterhalten?

30 ☐ nein ☐ ja | Anschriften (PLZ, Ort, Straße, Hausnummer) | Telefon

1.

31 2.

32 Bei mehr als zwei Betriebstätten: ☐ Gesonderte Aufstellung ist beigefügt.

33 **2.4 Kammerzugehörigkeit (Handwerks-/Industrie- und Handelskammer)** ☐ ja ☐ nein

34 **2.5 Handelsregistereintragung** ☐ ja Bitte Handelsregisterauszug beifügen! ☐ nein

2.6 Ort der Geschäftsleitung (Bitte nur angeben, wenn diese von der Anschrift des Unternehmens abweicht!)

35 Straße, Hausnummer | PLZ (Straßenadresse) | Ort

36 Postfach | PLZ (Postfachadresse) | Ort

2.7 Gründungsform (Bitte ggf. die entsprechenden Verträge beifügen!)

37 ☐ Neugründung zum ☐ Verlegung zum

38 ☐ Übernahme (z.B. Kauf, Pacht, Vererbung, Schenkung) zum ☐ Umwandlung zum

39 (Name und Anschrift des vorherigen Unternehmens bzw. der Vorinhaberin/des Vorinhabers, Finanzamt, Steuernummer)

- 3 -

2.8 Bisherige betriebliche Verhältnisse

Ist in den letzten fünf Jahren schon ein Gewerbe, eine selbständige (freiberufliche) oder eine land- und forstwirtschaftliche Tätigkeit ausgeübt worden oder waren Sie an einer Personengesellschaft oder zu mehr als 10 % an einer Kapitalgesellschaft beteiligt?

40 ☐ nein ☐ ja — Art, Ort und Dauer der Tätigkeit/Beteiligung

41 Finanzamt, Steuernummer, ggf. Umsatzsteuer-Identifikationsnummer

3 Angaben zur Festsetzung der Vorauszahlungen (Einkommensteuer, Gewerbesteuer)

		Im Jahr der Betriebseröffnung (EUR)		im Folgejahr (EUR)	
	3.1 Voraussichtliche Einkünfte aus	Steuerpflichtiger	Ehegatte	Steuerpflichtiger	Ehegatte
42	Land- und Forstwirtschaft				
43	Gewerbebetrieb				
44	Selbständiger Arbeit				
45	Nichtselbständiger Arbeit				
46	Kapitalvermögen				
47	Vermietung und Verpachtung				
48	Sonstigen Einkünften (z.B. Renten)				
	3.2 Voraussichtliche Höhe der				
49	Sonderausgaben und außergewöhnlichen Belastungen				
50	Steuerabzugsbeträge				

4 Angaben zur Gewinnermittlung

51 Gewinnermittlungsart
- ☐ Einnahmenüberschussrechnung
- ☐ Vermögensvergleich (Bilanz) — Eröffnungsbilanz ☐ liegt bei. ☐ wird nachgereicht.
- ☐ Gewinnermittlung nach Durchschnittssätzen (nur für Land- und Forstwirtschaft)

52 Liegt ein vom Kalenderjahr abweichendes Wirtschaftsjahr vor? ☐ nein ☐ ja, vom ______ bis ______

5 Freistellungsbescheinigung gemäß § 48b Einkommensteuergesetz – EStG – („Bauabzugssteuer")

Zu Ihrer Information steht Ihnen das Merkblatt zum Steuerabzug bei Bauleistungen im Internet unter www.bzst.de oder www.bzst.bund.de zum Download zur Verfügung. Sie können es aber auch bei Ihrem Finanzamt erhalten.

53 ☐ Ich beantrage die Erteilung einer Bescheinigung zur Freistellung vom Steuerabzug bei Bauleistungen gemäß § 48b EStG.

6 Angaben zur Anmeldung und Abführung der Lohnsteuer

54 Zahl der Arbeitnehmer (einschließlich Aushilfskräfte): Insgesamt ______ a) davon Familienangehörige ______ b) davon geringfügig Beschäftigte ______

55 Anmeldungszeitraum (voraussichtliche Lohnsteuer im Kalenderjahr): ☐ **monatlich** (mehr als 3.000 EUR) ☐ **vierteljährlich** (mehr als 800 EUR) ☐ **jährlich** (nicht mehr als 800 EUR)

56 Die für die Lohnberechnung maßgebenden Lohnbestandteile werden zusammengefasst im Betrieb/Betriebsteil: Name, Straße, Hausnummer, PLZ, Ort

7 Angaben zur Anmeldung und Abführung der Umsatzsteuer

		Im Jahr der Betriebseröffnung (EUR)	im Folgejahr (EUR)
57	**7.1 Gesamtumsatz (geschätzt)**		

7.2 Kleinunternehmer-Regelung

58 ☐ Der Gesamtumsatz für das Gründungsjahr wird die Grenze von 17.500 EUR voraussichtlich nicht überschreiten.

59 ☐ Ich nehme die Kleinunternehmer-Regelung (§ 19 Abs. 1 Umsatzsteuergesetz – UStG –) in Anspruch. Ich weise in Rechnungen keine Umsatzsteuer gesondert aus und kann keinen Vorsteuerabzug geltend machen.
Hinweis:
Angaben zu Tz. 7.3 und 7.4 sind nicht erforderlich; Umsatzsteuer-Voranmeldungen sind nicht abzugeben.

60 ☐ Ich verzichte auf die Anwendung der Kleinunternehmer-Regelung. Die Besteuerung erfolgt nach den allgemeinen Vorschriften des Umsatzsteuergesetzes **für mindestens fünf Kalenderjahre** (§ 19 Abs. 2 UStG); Umsatzsteuer-Voranmeldungen sind monatlich in elektronischer Form abzugeben.

- 4 -

7.3 Soll-/Istversteuerung der Entgelte

Ich berechne die Umsatzsteuer nach

61 ☐ vereinbarten Entgelten (**Sollversteuerung**). ☐ vereinnahmten Entgelten. Ich beantrage hiermit die **Istversteuerung**.

7.4 Dauerfristverlängerung

62 ☐ Ich möchte die **Dauerfristverlängerung** für die Abgabe der Umsatzsteuer-Voranmeldungen nutzen. Mir ist bekannt, dass bei **monatlicher** Abgabe der Umsatzsteuer-Voranmeldungen eine **Sondervorauszahlung** zu berechnen und zu entrichten ist. Bitte senden Sie mir den erforderlichen Vordruck USt 1 H zu.

7.5 Umsatzsteuer-Identifikationsnummer

63 ☐ Ich **benötige** für die Teilnahme am innergemeinschaftlichen Handel eine Umsatzsteuer-Identifikationsnummer (USt-IdNr.).

64 **Zusatzangaben** für Unternehmer,

- die nur steuerfreie Umsätze ausführen, die zum Ausschluss vom Vorsteuerabzug führen,
- für deren Umsätze Umsatzsteuer nach § 19 Abs. 1 UStG nicht erhoben wird,
- die ihre Umsätze nach den Durchschnittssätzen des § 24 UStG versteuern:

Ich beantrage eine USt-IdNr., weil

☐ innergemeinschaftliche Lieferungen ausgeführt werden (gilt nur für pauschalierende Land- und Forstwirte).

☐ innergemeinschaftliche Erwerbe zu versteuern sind, da die Erwerbsschwelle von 12.500 EUR jährlich

☐ voraussichtlich überschritten wird (§ 1a Abs. 3 UStG).

☐ voraussichtlich nicht überschritten wird, auf die Erwerbsschwellenregelung jedoch für die Dauer von mindestens zwei Jahren verzichtet wird (§ 1a Abs. 4 UStG).

☐ neue Fahrzeuge oder bestimmte verbrauchsteuerpflichtige Waren innergemeinschaftlich erworben werden (§ 1a Abs. 5 UStG).

65 ☐ Ich habe bereits für eine frühere Tätigkeit folgende USt-IdNr. erhalten:

USt-IdNr. ______ Vergabedatum: ______

8 Angaben zur Beteiligung an einer Personengesellschaft/-gemeinschaft

66 Bezeichnung, Anschrift der Gesellschaft/Gemeinschaft

67 Finanzamt, Steuernummer der Gesellschaft/Gemeinschaft

(Fügen Sie bitte eine Kopie des Gesellschaftsvertrags bei!)

68

Ort, Datum

Unterschrift des/der Steuerpflichtigen und ggf. des Ehegatten bzw. des/der Vertreter/s oder Bevollmächtigten

69 Anlagen:

☐ Teilnahmeerklärung für das LEV (Tz. 1.4)
☐ Empfangsvollmacht (Tz. 1.6)
☐ Handelsregisterauszug (Tz. 2.5)
☐ Verträge bei Übernahme bzw. Umwandlung (Tz. 2.7)
☐ Eröffnungsbilanz (Tz. 4)
☐ Gesellschaftsvertrag (Tz. 8)
☐ ______

70

Finanzamt

Unter Punkt 4 sind Angaben über die Gewinnermittlungsart zu machen, die abhängig ist von der geplanten Tätigkeit und dem zu erwartenden Umsatz. So kann beispielsweise der selbstständige Freiberufler unabhängig vom Umsatz regelmäßig eine Einnahmenüberschussrechnung aufstellen, ein Gewerbetreibender kann hingegen nach Überschreiten von festgelegten Umsatzgrenzen (siehe oben) zur Abgabe eines Vermögensvergleiches aufgefordert werden. Bei Land- und Forstwirten besteht die Möglichkeit, eine Gewinnermittlung nach Durchschnittssätzen durchzuführen. Wenn Sie von der Möglichkeit Gebrauch machen wollen, das Wirtschaftsjahr vom Kalenderjahr abweichen zu lassen, sollten Sie das hier angeben. Diese Abweichung macht beispielsweise Sinn, wenn es in Ihrer Branche regelmäßig Saisonabhängigkeiten gibt. Beispielsweise beginnt in der Landwirtschaft das Wirtschaftsjahr regelmäßig mit dem 1. Juli. Das Finanzamt muss bei Gewerbetreibenden dem abweichenden Kalenderjahr zustimmen. Gewerbetreibende, die in das Handelsregister eingetragen sind, können bei Betriebseröffnung das Wirtschaftsjahr frei wählen.

Die Angaben unter Punkt 5 ermöglichen Ihnen die Beantragung einer Freistellungsbescheinigung für Bauleistungen nach § 48 b EStG. Informationen zu diesem Thema finden Sie unter folgender Adresse: http://www.bzst.bund.de.

Die Angaben unter Punkt 6 dienen der Festlegung des Lohnsteueranmeldezeitraums für die Anmeldung der abzuführenden Lohnsteuer (§ 41 a EStG). Bei abzuführender Lohnsteuer von mehr als 3.000 Euro wird der Monat, bei mehr als 800 Euro das Vierteljahr und bei nicht mehr als 800 Euro das Kalenderjahr als Anmeldungszeitraum festgelegt. Das Finanzamt will auch wissen, wie viele Arbeitnehmer Sie in Ihrem im Unternehmen beschäftigen (oder zukünftig beschäftigen wollen) und welchen Status (Familienangehörige, geringfügig Beschäftigte) diese haben.

Unter Punkt 7.1 sollen Sie Ihren Gesamtumsatz im Jahr der Gründung und im Folgejahr schätzen. Der Voranmeldungszeitraum ist bei neu gegründeten Unternehmen (§ 18 Abs. 2 Nr. 4 UStG) für das laufende und das folgende Jahr der Kalendermonat. Punkt 7.2 regelt, ob Sie als Unternehmensgründer unter die »Kleinunternehmer-Regelung« fallen. Als Kleinunternehmer werden Unternehmer bezeichnet, die nur geringe Umsätze tätigen. Dabei darf der Umsatz im vorangegangenen Jahr einen Betrag von 17.500 Euro nicht überstiegen haben und der Umsatz im laufenden Jahr 50.000 Euro voraussichtlich nicht übersteigen. Beide Voraussetzungen müssen gegeben sein, damit Sie sich von der Umsatzsteuerzahlung befreien lassen können. Sie können sich natürlich auch für die Umsatzsteuerzahlung entscheiden – an diese Entscheidung sind Sie aber für fünf Jahre gebunden. Um zu entscheiden, ob das für Sie sinnvoll ist oder nicht, und herauszufinden, welche Verpflichtungen damit auf Sie zukommen, sollten Sie den entsprechenden Abschnitt oben zur Umsatzsteuer nochmals genau lesen.

Wenn Sie nicht unter die Kleinunternehmerregelung fallen, können Sie unter Punkt 7.3 angeben, ob Sie Ihre Umsatzsteuer nach der Soll-Versteuerung oder nach der Ist-Versteuerung berechnen wollen. Bei der Soll-Versteuerung zahlen Sie Ihre Umsatzsteuer dann, wenn Sie Ihre Leistung erbracht haben. Bei der Ist-Versteuerung wird die Umsatzsteuer fällig, wenn die Einnahme auf Ihrem Konto eingegangen ist. Diese Regelung ist gerade in der Anfangsphase immer sinnvoller. Das Finanzamt erteilt eine Genehmigung zur Ist-Versteuerung nur unter dem Vorbehalt des Widerrufs, dabei erstreckt sich die Genehmigung auf das volle Kalenderjahr. Eine Rückkehr zur Soll-Versteuerung ist jederzeit möglich. Eine Rückkehr bewirkt aber immer, dass bereits am Anfang des Kalenderjahres die Soll-Versteuerung erfolgen muss. Das Finanzamt kann seine Genehmigung nur zu Beginn des Kalenderjahres widerrufen.

Die günstigere Ist-Versteuerung kommt in folgenden Fällen zur Anwendung:

- ❑ bei Kleinunternehmern (Gesamtumsatz übersteigt 125.000 Euro im Jahr nicht)
- ❑ bei Unternehmern, die nicht zur Buchführung verpflichtet sind
- ❑ bei Freiberuflern – auf die Höhe des Umsatzes kommt es nicht an

Unter Punkt 7.4 geben Sie an, ob Sie für die Abgabe der Umsatzsteuervoranmeldungen von Beginn an eine Dauerfristverlängerung wün-

schen. Diese ermöglicht es, die Umsatzsteuervoranmeldungen regelmäßig einen Monat später abgeben zu können. Der Nachteil besteht darin, dass für diesen Aufschub eine Sondervorauszahlung zu leisten ist. Punkt 7.5 erfragt, ob Sie eine Umsatzsteuer-Identifikationsnummer benötigen. Diese ist immer dann erforderlich, wenn der Steuerpflichtige am Handel im EU-Ausland teilnehmen möchte.
Unter Punkt 8 sind Angaben zu machen, ob der Steuerpflichtige noch an anderen Personengesellschaften beteiligt ist. Die meisten Kleinunternehmer haben ja nur ein Unternehmen. Zum Schluss müssen Sie das Formular eigenhändig unterschreiben. Hiermit versichert der Gründer, dass er die Angaben nach bestem Wissen und Gewissen gemacht hat.

Als Anlagen sollten Sie dem Fragebogen beifügen:

- ❑ die Teilnahmeerklärung am Lastschrifteneinzugsverfahren
- ❑ die Empfangsvollmacht
- ❑ bei Übernahme beziehungsweise Umwandlung eines Unternehmens die Verträge
- ❑ bei Kaufleuten eine Eröffnungsbilanz und den Handelsregisterauszug
- ❑ bei Gründung einer GbR, OHG, Partnergesellschaft oder Kapitalgesellschaft den Gesellschaftsvertrag

Schritt 6:
Geld von der Arbeitsagentur

Erinnern Sie sich noch an die Ich-AG? Sie war bald derartig in Verruf geraten, dass die Bundesregierung sich dazu entschloss, diese Gründungsförderung wieder abzuschaffen. Seit August 2006 gibt es statt Ich-AG und Überbrückungsgeld eine neues Förderinstrument: den Gründungzuschuss, festgeschrieben im dritten Sozialgesetzbuch (SGB III §§ 57, 58).

Der Gründungszuschuss

Der Gründungszuschuss ist ein Betrag in Höhe Ihres zuletzt bezogenen Arbeitslosengeldes I zum Lebensunterhalt. Er wird neun Monate lang gewährt. Außerdem erhalten Sie während dieser Zeit einen Zuschlag von 300 Euro/Monat für die soziale Absicherung. Sollte die Arbeitsagentur nach neun Monaten Ihren Antrag noch einmal verlängern (siehe unten), wird für weitere sechs Monate nur noch der Zuschlag von 300 Euro/Monat für die soziale Absicherung gezahlt, nicht mehr aber der Betrag in Höhe des zuletzt bezogenen Arbeitslosengeldes I.

Wer hat Anspruch auf Gründungszuschuss?

- Sie können Gründungszuschuss beantragen, wenn Sie durch Aufnahme einer selbstständigen, hauptberuflichen Tätigkeit (mindestens 15 Stunden in der Woche) die Arbeitslosigkeit beenden.
- Ihr Antrag hat nur dann Aussicht auf Erfolg, wenn Sie zum Zeitpunkt der Gründung Arbeitslosengeld I oder Kurzarbeitergeld beziehen oder in einer Arbeitsbeschaffungsmaßnahme beschäftigt ist und darauf noch mindestens 90 Tage Anspruch haben.

Den Gründungszuschuss erhalten Sie nur, wenn Sie einen Anspruch auf Arbeitslosengeld haben, das heißt, Sie müssen arbeitslos sein und in den vergangenen zwei Jahren vor der Arbeitslosigkeit mindestens ein Jahr lang in die staatliche Arbeitslosenversicherung eingezahlt haben.

- Sie benötigen für den Antrag die Bescheinigung einer fachkundigen Stelle, die die dauerhafte Tragfähigkeit Ihres Businessplans bestätigt.

Tipp Nicht selten werden für diesen Businessplan-Check Gebühren fällig. Fragen Sie also vorher nach den Kosten.

- Außerdem müssen Sie über Kenntnisse und Fähigkeiten zur Ausübung Ihrer selbstständigen Tätigkeit verfügen, also eine unternehmerische Eignung haben, die nachzuweisen ist etwa durch den beruflichen Werdegang und durch Qualifikationsnachweise.

! Sind diese Voraussetzungen gegeben, muss die Arbeitsagentur den Zuschuss für die ersten neun Monate gewähren – es handelt sich insoweit also um eine Pflichtleistung, die man zur Not auch einklagen kann. Hat die Arbeitsagentur allerdings begründete Zweifel an Ihrer unternehmerischen Eignung, kann sie verlangen, dass Sie an einer Maßnahme zur Eignungsfeststellung oder zur Vorbereitung der Existenzgründung, etwa einem betriebswirtschaftlichen Seminar, teilnehmen.

Der Ablauf der Antragstellung

- Zunächst müssen Sie vom Arbeitgeber gekündigt werden beziehungsweise einen Aufhebungsvertrag unterschreiben oder selbst kündigen.

! Wer selbst gekündigt hat oder aus anderen Gründen unter eine Sperrzeit fällt, während der er kein Arbeitslosengeld bekommt, muss das Ende dieser Sperrzeit abwarten: Wer während einer Sperrzeit gründet, verwirkt den Anspruch auf den Gründungszuschuss – und zwar den gesamten Anspruch, nicht nur den für die Dauer der Sperrzeit!

- ❏ Daraufhin müssen Sie sich sofort bei der Arbeitsagentur als Arbeitssuchender melden. Wenn Sie dies nicht innerhalb von drei Kalendertagen tun, kann die Arbeitsagentur eine einwöchige Sperrzeit verhängen. Das sollten Sie auf jeden Fall vermeiden!
- ❏ Das Arbeitsverhältnis endet.
- ❏ Jetzt müssen Sie den Antrag auf Arbeitslosengeld stellen. Der Bewilligungsbescheid für Arbeitslosengeld regelt, ob und in welcher Höhe Sie Ansprüche haben. Wenn Sie bereits Arbeitslosengeld I beziehen, so prüfen Sie anhand des Bewilligungsbescheids, ob Sie noch über die notwendigen 90 Tage Restanspruch verfügen und bis wann Sie spätestens gründen müssen, um noch Förderung zu erhalten.

Achten Sie darauf, dass in den vier Wochen vor der Gründung Ihr Arbeitslosengeld nicht durch Nebeneinkommen gemindert wird. Eine solche Minderung wirkt sich auf die gesamte Laufzeit der Gründungsförderung aus!

- ❏ Nun müssen Sie den Antrag auf Gründungszuschuss abholen (mehr dazu unten im Abschnitt zum Antrag auf Gründungszuschuss).
- ❏ Beschaffen Sie sich, falls nötig, eine Erlaubnis oder Zulassung, die Sie für manche Tätigkeiten brauchen (mehr dazu unter Schritt 4). Planen Sie dafür genügend Zeit ein, denn damit können Wartezeiten verknüpft sein und Sie könnten die Fristen beim Arbeitslosengeldbezug überschreiten.
- ❏ In den Antragsformularen ist vermerkt, ob Sie die Teilnahme an einem Existenzgründerseminar nachweisen müssen. Unabhängig von dem, was die Arbeitsagentur fordert, kann ein solches Seminar sehr sinnvoll sein, sofern es umfassend informiert, aber auch motiviert, die nötigen Gründungsvorbereitungen beherzt in Angriff zu nehmen.Wichtig ist, dass der Workshop aufzeigt, welche Lebensveränderungen mit der Selbstständigkeit verbunden sind.
- ❏ Nun reichen Sie Ihren Businessplan, den Sie mit kompetenter Unterstützung (wie in Schritt 1 dieses Buches beschrieben) angefertigt haben, zur Prüfung der fachkundigen Stelle ein – und zwar

zusammen mit den Antragsformularen sowie gegebenenfalls notwendigen Nachweisen.

- ❑ Nun melden Sie Ihr Gewerbe beziehungsweise Ihre freiberufliche Tätigkeit an wie in Schritt 4 und 5 dieses Buches beschrieben.
- ❑ Wenn Sie die positive Stellungnahme der fachkundigen Stelle erhalten haben, können Sie damit sofort zur Arbeitsagentur gehen und sie zusammen mit einem Exemplar des Businessplans, dem Nachweis über die Anmeldung der Selbstständigkeit sowie dem eigentlichen Antragsformular einreichen. Die Arbeitsagentur entscheidet nun anhand der Unterlagen über Ihren Antrag.

Der Gründungszuschuss wird auf Ihren Anspruch auf Arbeitslosengeld angerechnet. Für jeden Tag, für den Gründungszuschuss gezahlt wird, mindert sich der zu Anfang noch vorhandene Restanspruch auf Arbeitslosengeld um einen vollen Tag. Wenn die Selbstständigkeit danach scheitert, haben Sie ohne neuen Job als Angestellter keine Möglichkeit, noch länger Arbeitslosengeld I zu beziehen.

Das Antragsformular

Um den Gründungszuschuss zu beantragen, müssen Sie das Antragsformular ausfüllen. Das ist ein wichtiger formaler Akt. Den Antrag müssen Sie unbedingt vor der Gründung abholen, ansonsten verlieren Sie den Anspruch auf Förderung. Deshalb können Sie das Formular nicht im Internet herunterladen, sondern erhalten es nur in der Arbeitsagentur – mit Ihren persönlichen Daten und dem aktuellen Datum eingedruckt als »Tag der Antragstellung«. Aber: Das Abholen des Fördergeldantrags stellt keine Verpflichtung zur Gründung dar. Es handelt sich um eine Absichtserklärung, mit der Sie Ihrem Berater bei der Arbeitsagentur signalisieren, dass Sie gründen wollen und sich in den nächsten Wochen mit den Vorbereitungen hierfür beschäftigen werden. Ihr Berater wird seine Vermittlungsbemühungen für eine Weile unterbrechen, sie aber wieder aufnehmen, wenn Sie sich zu viel Zeit lassen.

GZ	Bundesagentur für Arbeit Agentur für Arbeit	Eingangsdatum AblageNr:

DSt
OrgZ
DKZ
GebDat
KdNr

Antrag auf Gewährung eines Gründungszuschusses zur Aufnahme einer selbständigen Tätigkeit nach § 57 SGB III

Zutreffendes bitte ankreuzen ☒ oder ausfüllen

Vermerke der Agentur für Arbeit
Tag der Antragstellung:
☐ Alg-Bezug
bis: _____
tägl./wöchtl. ,00000/ 0,00 Euro
☐ Alg fiktiv wegen
☐ §57 Abs. 2 Nr. 1b
seit _______________
tägl./wöcht._____/_______ Euro
RVNr.
WKL

1. Ich werde am _____ eine selbständige, hauptberufliche Tätigkeit
   als ____
   in ____
   aufnehmen und beantrage hierfür einen **Gründungszuschuss.**

2. Aussagefähige Beschreibung des Existenzgründungsvorhabens zur Erläuterung der Geschäftsidee (bitte Beiblatt verwenden):

   ____

   ____

2.1 Ich bin in eine persönliche Abhängigkeit eines Auftraggebers, insbesondere durch örtliche, zeitliche, inhaltliche oder fachliche Weisungen eingebunden. ☐ ja ☐ nein

2.2 Ich bin in die Organisation eines Auftraggebers, insbesondere durch die Zusammenarbeit mit Mitarbeitern des Auftraggebers oder durch die Arbeit mit Arbeitsmitteln des Auftraggebers eingebunden. ☐ ja ☐ nein

2.3 **Unternehmerrisiko:**

Eigenes Unternehmerrisiko (z.B. eigene Mitarbeiter, eigene Geschäftsräume, eigenes Betriebskapital)? ☐ ja ☐ nein

Eigenes Auftreten am Markt? ☐ ja ☐ nein

Angemessene Verteilung von Chancen und Risiken (z.B. eine örtliche, zeitliche oder inhaltliche unternehmerische Freiheit, eigener Kundenstamm, freie Preisgestaltung)? ☐ ja ☐ nein

BA GZ 1 – 08/2006

- Seite 2 –

Name, Vorname: **KdNr:**

3. Für meine selbständige Tätigkeit wende ich künftig ca. ______ Wochenstunden auf.

4. Ich übe noch eine andere bzw. weitere Beschäftigung(en) aus. ☐ ja ☐ nein

   Wenn ja,

   dafür wende ich ca. ______ Wochenstunden auf.

5. Ich habe bereits in der Vergangenheit Überbrückungsgeld, einen Existenzgründungszuschuss oder einen Gründungszuschuss zur Förderung der Aufnahme einer selbständigen Tätigkeit erhalten. ☐ ja ☐ nein

   Wenn ja,

   letzter Bezug ______________ bei der Agentur für Arbeit in: ______________

6. Die Leistungen bitte ich an ______________ (Name) ______________ (Kontonummer)

   bei ______________ (Geldinstitut) ______________ (Bankleitzahl) zu überweisen.

Erklärung

Ich versichere die Richtigkeit meiner Angaben. Ich werde der Agentur für Arbeit **unverzüglich** alle Änderungen mitteilen, die Auswirkungen auf die Leistung haben könnten.

- Ich bin damit einverstanden, dass die Agentur für Arbeit in die Unterlagen bei der fachkundigen Stelle erforderlichenfalls Einsicht nimmt.
- Das **Merkblatt 3 – Vermittlungsdienste und Leistungen**, in dem auch auf die Mitteilungspflichten und den Datenschutz hingewiesen ist (Kapitel 8), habe ich erhalten und von seinem Inhalt Kenntnis genommen.

______________ (Ort, Datum) ______________ (Unterschrift Antragsteller) ______________ (Bei Minderjährigen Unterschrift des gesetzlichen Vertreters)

Die Richtigkeit der Änderung/Ergänzung zu Nummer(n)____________ wird bestätigt

______________ (Unterschrift Antragsteller)

Für die Bearbeitung des Antrages sind folgende Unterlagen erforderlich:

☒ Aussagefähige Beschreibung des Existenzgründungsvorhabens zur Erläuterung der Geschäftsidee

☒ Stellungnahme einer fachkundigen Stelle zur Tragfähigkeit der Existenzgründung

☒ Nachweis der Kenntnisse und Fähigkeiten zur Ausübung der selbständigen Tätigkeit (fachliche und unternehmerische Qualifikation, Berufserfahrung, Teilnahme an Maßnahmen zur Vorbereitung der Existenzgründung)

☒ Anmeldung der selbständigen Tätigkeit beim Gewerbeamt (für gewerbliche Berufe) bzw. beim Finanzamt (für freiberufliche Tätigkeiten)

☐ Bestätigung der Handwerkskammer über die Eintragung in die Handwerksrolle (im handwerklichen bzw. handwerksnahen Bereich)

☐ Bescheinigung über die Teilnahme am Existenzgründerseminar

☐ Sonstiges:

BA GZ 1 – 08/2006

Die oberen Felder des Antrags brauchen Sie nicht auszufüllen – das erledigen die Mitarbeiter der Arbeitsagentur, wenn Sie den Antrag abholen. Sie beginnen das Ausfüllen des Antrags, indem Sie unter 1 Angaben zu Ihrer selbstständigen Tätigkeit machen: Tragen Sie zunächst das Datum Ihrer Gewerbeanmeldung ein beziehungsweise als Freiberufler den Tag, ab dem Sie beim Finanzamt unter Ihrer Steuernummer geführt sind. Tragen Sie nun den Beruf ein, in dem Sie sich selbstständig machen wollen, sowie den Ort, an dem Sie Ihre Betriebsstätte oder Ihr Büro haben werden. Unter 2 sollten Sie auf Ihren beiliegenden Businessplan oder ein gesondertes Blatt mit einer ausführlichen, überzeugenden Darstellung Ihres Existenzgründungsvorhabens verweisen. Auch den Kasten rechts brauchen Sie nicht zu beachten, denn er wird von der Arbeitsagentur ausgefüllt.
Aufpassen sollten Sie bei den Punkten 2.1 und 2.2: Wenn Sie sich trotz Ihrer Selbstständigkeit in der persönlichen Abhängigkeit eines Auftraggebers befinden und an dessen Weisungen gebunden und in dessen Organisation eingebunden sind, gelten Sie als scheinselbstständig und erhalten keinen Gründungszuschuss. Sie sollten hier allerdings keine falschen Angaben machen, sondern dafür sorgen, dass Ihre Tätigkeit nicht als scheinselbstständig eingestuft werden kann – mehr dazu finden Sie in Schritt 7. Auch unter 2.3 wird abgefragt, ob Sie tatsächlich unternehmerisch tätig sind. Wenn Sie hier »Nein« ankreuzen, entsteht bei der Arbeitsagentur vermutlich der Eindruck, dass es sich bei Ihrer Selbstständigkeit nur um ein verkapptes Angestelltenverhältnis handelt. Wenn Sie jedoch »Ja« ankreuzen, sollten Sie die entsprechenden Aktivitäten durch Ihren Businessplan auch belegen können.
Auf dem zweiten Blatt tragen Sie nun unter Punkt 3 ein, wie viel Zeit Sie zukünftig für Ihre selbstständige Tätigkeit aufwenden werden. Geben Sie hier mindestens 15 Wochenstunden an, sonst gelten Sie für die Arbeitsagentur weiterhin als arbeitslos und erhalten keinen Gründungszuschuss. Gut ist es, wenn Sie neben Ihrer Selbstständigkeit keine weitere berufliche Tätigkeit ausüben, dann ist zweifelsfrei klar, dass Sie hauptberuflich selbstständig sind. Wenn Sie hingegen eine weitere selbstständige Tätigkeit ausüben, sollten Sie dafür weniger Zeit als für die Selbstständigkeit aufwenden, da die Selbstständigkeit

Ihr Hauptberuf sein muss. Wenn Sie schon einmal einen Gründungszuschuss, Überbrückungsgeld oder einen Existengründungszuschuss (Ich-AG) bekommen haben, müssen Sie das unter Punkt 5 angeben. Wenn diese Zahlung aber weniger als 24 Monate zurückliegt, brauchen Sie den Antrag gar nicht erst zu stellen; die Arbeitsagentur kann das natürlich leicht nachprüfen. Unterschreiben Sie dann die Erklärung und bestätigen Sie auch noch die Richtigkeit Ihrer Angaben bei den Nummern 1 bis 5. Fertig ist Ihr Antrag auf Gründungszuschuss. Ganz unten hat die Arbeitsagentur für Sie vermerkt, welche weiteren Unterlagen Sie zusammen mit dem Antrag noch einreichen müssen – unter anderem ist hier in der Regel angekreuzt, dass Sie die Bescheinigung einer fachkundigen Stelle vorlegen müssen.

Die fachkundige Stellungnahme

Als fachkundige Stelle, die den Businessplan bestätigt, kommen beispielsweise ein Kreditinstitut, die Industrie- und Handelskammer oder die Handwerkskammer (oder eine andere berufsständische Kammer), ein Steuerberater, ein Fach- oder Berufsverband infrage. Wählen Sie eine fachkundige Stelle, die unabhängig ist und mit der Sie über alles sprechen können, auch über eigene Zweifel und Unsicherheiten, ohne gleich eine Ablehnung des Businessplans fürchten zu müssen. Von kompetenten Beratern können Sie wertvolle Tipps und Hinweise erhalten, die die Erfolgschancen Ihrer Gründung deutlich erhöhen. Für die Stellungnahme ist außerdem ein Formular auszufüllen, das Sie gemeinsam mit dem Gründungszuschuss abgeben müssen.

Und so füllen Sie dieses Formular aus: Die Punkte 1 bis 3 sind identisch mit den Punkten 1 und 2 des Antrags auf Gründungszuschuss. Tragen Sie hier identische Angaben ein. Unter Punkt 4 sollen Sie eintragen, ob, und falls ja, wann Sie bereits selbstständig waren und ob Sie bereits eine Förderung der Arbeitsagentur erhalten haben. Wenn ja, sollten Sie nun auf einem Beiblatt gesondert begründen, warum die Selbstständigkeit wieder aufgegeben wurde. Bitte überlegen Sie sich hier eine vernünftige Begründung: Zwar sollten Sie ehrlich sein, jedoch nicht einfach schreiben, was alles schiefgelaufen ist. Machen Sie klar, dass für die neue

GZ

Bundesagentur für Arbeit
Agentur für Arbeit

Zutreffendes bitte ankreuzen ☒ oder ausfüllen

Name:
Straße:
PLZ Ort:
KdNr:

Anforderung der Stellungnahme einer fachkundigen Stelle zur Tragfähigkeit der Existenzgründung (§ 57 SGB III)

1. Tag der Antragstellung auf einen Gründungszuschuss:

2. Ich beabsichtige am ____________ eine selbständige Tätigkeit als ____________________
   in ____________________________________ aufzunehmen.

3. Aussagefähige Beschreibung des Existenzgründungsvorhabens zur Erläuterung der Geschäftsidee (bitte Beiblatt verwenden): ______________________________

4. Ich war bereits in der Vergangenheit selbständig tätig. ☐ja ☐nein

   Wenn ja: In der Zeit vom: ________________ bis ________________

   in folgender Branche: ____________________________

   Die Existenzgründung wurde mit Überbrückungsgeld gem. § 57 SGB III, mit Existenzgründungszuschuss gem. § 421l SGB III bzw. mit einem Gründungszuschuss gem. §§ 57 ff SGB III gefördert. ☐ja ☐nein

   Warum wurde die Selbständigkeit wieder aufgegeben? (bitte Beiblatt verwenden)

5. Fachkundige Stelle für die Stellungnahme über die Tragfähigkeit der Existenzgründung ist

   ☐ Industrie- und Handelskammer
   ☐ Handwerkskammer
   ☐ berufsständische Kammer
   ☐ Fachverband
   ☐ Kreditinstitut
   ☐ Sonstige (z.B. Steuerberater/ Wirtschaftsprüfer/ Steuerbevollmächtigte/Unternehmensberater/ Gründungszentren/ lokale Gründungsinitiativen)

6. Als Grundlage für die Stellungnahme der fachkundigen Stelle werden in der Regel folgende Unterlagen benötigt und sind beigefügt:

   ☐ Aussagefähige Beschreibung des Existenzgründungsvorhabens zur Erläuterung der Geschäftsidee
   ☐ Lebenslauf (einschl. Zeugnisse bzw. Befähigungsnachweis)
   ☐ Kapitalbedarfs- und Finanzierungsplan *)
   ☐ Umsatz- und Rentabilitätsvorschau *)
   ☐ Begründung der letzten Geschäftsaufgabe (s. Punkt 4)

   **) Bei der endgültigen Festlegung dieser Unterlagen kann ggf. die fachkundige Stelle Hilfestellung leisten.*

7. Ein Beratungsgespräch über Fördervoraussetzungen und Antragsverfahren für den Gründungszuschuss wurde geführt. ☐ja ☐ nein

8. Ich bin damit einverstanden, dass die Stellungnahme von der Agentur für Arbeit unmittelbar bei der fachkundigen Stelle angefordert wird. ☐ja ☐ nein

9. Ich bin damit einverstanden, dass die Stellungnahme der fachkundigen Stelle zur Beschleunigung des Antragsverfahrens direkt der Agentur für Arbeit zugeleitet wird. ☐ja ☐ nein

10. Ich bin darüber informiert, dass der Agentur für Arbeit durch die Abgabe einer fachlichen Stellungnahme keine Kosten entstehen dürfen. ☐ja ☐ nein

11. Anlage: Hinweise zur Förderung der Aufnahme einer selbständigen Tätigkeit mit einem Gründungszuschuss

________________ ________________ ________________

(Ort, Datum) (Antragsteller) (Sichtvermerk der Agentur für Arbeit)

BA GZ 2 – 08/2006

Existenzgründung andere Bedingungen herrschen als beim letzten Mal oder dass Sie aus Ihren Fehlern gelernt haben. Überzeugen Sie Ihre Leser, dass Sie es nun besser machen werden.
Unter 5 tragen Sie ein, welche fachkundige Stelle die Tragfähigkeit Ihrer Existenzgründung bestätigt. Punkt 6 ist als eine Art Checkliste für Sie gedacht: Hier kreuzen Sie an, welche Unterlagen Sie beim Beratungsgespräch mit der fachkundigen Stelle beigefügt haben und nun auch Ihrem Antrag beilegen. Unter 7 bestätigen Sie, das ein Beratungsgespräch geführt wurde. Unter den Punkten 8 bis 10 erklären Sie, dass Sie einverstanden sind, dass die Stellungnahme der Arbeitsagentur vorgelegt wird und dass Sie wissen, dass die fachkundige Stelle der Arbeitsagentur dies nicht in Rechnung stellen darf. Die Kosten für diese Beratung müssen Sie im Zweifel selbst tragen. Klären Sie das also vor dem Beratungsgespräch!
Meist müssen Sie außerdem den Businessplan vor dem Beratungsgespräch abgeben. Die Form, in der Sie den Businessplan einreichen müssen, sowie die Wartezeiten für einen Gesprächstermin sind je nach Stelle sehr unterschiedlich. Bei manchen Stellen können Sie Ihren Businessplan bequem als Word- und Excel-Datei mailen, und der Berater benötigt etwa eine Stunde, um Ihren Businessplan zu lesen. Bei anderen müssen Sie den Plan per Post schicken oder persönlich vorbeibringen. Wenige Tage später schließt sich ein Feedbackgespräch an – persönlich oder telefonisch. Wenn keine größeren Änderungen am Businessplan nötig sind, kann der Berater dann die fachkundige Stellungnahme erteilen. Mitunter sind aber auch Änderungen und ein zweites Feedbackgespräch nötig.

Die Verlängerung

Wie bereits erwähnt, können Sie nach den ersten neun Monaten noch einmal eine Verlängerung des Gründungszuschusses verlangen. Auch wenn die Antragsfrist für die Verlängerung erst nach vier Jahren verjährt, sollten Sie den Antrag auf Verlängerung des Gründungszuschusses möglichst zeitnah stellen. Der beste Zeitpunkt sind zwei bis drei Monate vor Ablauf der ersten neun Monate.

Für die Verlängerung besteht nun kein einklagbarer Rechtsanspruch mehr. Die Arbeitsagentur besitzt einen Ermessensspielraum und entscheidet für oder gegen eine Verlängerung anhand der Unterlagen, die Sie zum Beleg Ihrer Geschäftstätigkeit in den letzten neun Monaten einreichen.

Für die Verlängerung gelten nun allerdings verschärfte Bedingungen: Die Arbeitsagentur verlangt den Nachweis, dass in den ersten neun Monaten »eine intensive Geschäftstätigkeit und hauptberufliche unternehmerische Aktivitäten« vorgelegen haben. Das bedeutet, dass erkennbar sein sollte, dass Sie bereits jetzt oder in naher Zukunft Ihren Lebensunterhalt mit Ihrer selbstständigen Arbeit bestreiten können. Dazu soll laut Gesetz ein schriftlicher Bericht eingereicht werden, »in dem die Geförderten ihre unternehmerische Tätigkeit darstellen und einen Ausblick auf die Entwicklung der nächsten Monate geben«. Vorgaben zu Form und Inhalt dieses Berichts gibt es nicht – eine DIN-A4-Seite sollte hinsichtlich des Umfangs genügen.

Tipp

Der 300-Euro-Zuschuss ist zwar zur Deckung von Sozialversicherungsbeiträgen gedacht – eine entsprechende Zweckbindung gibt es jedoch nicht: Sie dürfen mit dem Geld machen, was Sie wollen. Und: Der Zuschuss gilt nicht als Arbeitseinkommen, wird also weder versteuert noch zur Berechnung von Arbeitseinkünften herangezogen.

Außerdem sollten Sie »Belege über Einnahmen und Ausgaben, Auftragseingänge oder Bemühungen zum Erhalt von Aufträgen« beifügen. Als entsprechende Belege reichen Sie Ihre bisherige Einnahmenüberschussrechnung (beziehungsweise eine betriebswirtschaftliche Auswertung Ihres Steuerberaters) ein, ergänzt um Umsatz- und Gewinnprognosen sowie eine Liste bisheriger Kunden. Darüber hinaus müssen Sie alle Änderungen gegenüber Ihrem ursprünglichen Förderantrag mitteilen. Manche Arbeitsagenturen verlangen noch weitere Nachweise, erkundigen Sie sich also vorher genau, welche das im Einzelnen sind. Hat die Arbeitsagentur an Ihren Unterlagen begründete Zweifel, kann sie fordern, dass Sie eine weitere Stellungnahme einer fachkundigen Stelle vorlegen. Im Klartext: In diesem Fall müssten Sie noch einmal einen neuen Businessplan schreiben und bestätigen lassen.

Tipp Wenn sich Ihre Auftrags- und Ertragslage im Großen und Ganzen in den erwarteten Dimensionen bewegt, sollten Sie ruhigen Gewissens Verlängerung beantragen, denn es bestehen gute Aussichten auf Erfolg. Sollte die Ermessensentscheidung Ihres Arbeitsberaters wider Erwarten zu Ihren Ungunsten ausfallen, können Sie mithilfe eines Beraters immer noch Widerspruch einlegen. Weicht die Realität deutlich von der Planung ab, konsultieren Sie einen guten Steuer- oder Unternehmensberater.

Ihre Rechte und Pflichten beim Antrag auf Gründungszuschuss

Während Sie Gründungszuschuss beantragen, haben Sie einige Rechte, müssen jedoch auch einige Pflichten erfüllen.

- ❑ Es gibt keine Einkommensbegrenzung wie früher bei der Ich-AG.
- ❑ Sie dürfen unbeschränkt Arbeitnehmer beschäftigen.
- ❑ Sie müssen Ihre Einkünfte selbst versteuern und dazu jedes Jahr die nötigen Steuererklärungen abgeben. Der Gründungszuschuss gilt dabei als steuerfreie Einnahme, die auch nicht dem Progressionsvorbehalt unterliegt.
- ❑ Sie müssen sich selbst versichern. Dabei gelten die Regelungen für hauptberuflich Selbstständige, wie sie weiter unten im Kapitel zur Sozialversicherung (Schritt 7) beschrieben sind, beziehungsweise für bestimmte Lehrkräfte (etwa selbstständige Pädagogen, Künstler- und Publizisten und so weiter).

Nebenberufliche Tätigkeit

Während Sie einen Gründungszuschuss beziehen, dürfen Sie auch einem Nebenjob als Arbeitnehmer nachgehen: Wenn das Einkommen aus der selbstständigen Arbeit noch nicht reicht, ist es ja nur vernünftig, einen Job nebenbei anzunehmen. Ein Minijob ist da völlig unproblematisch; ein Teilzeitjob bleibt unproblematisch, wenn Sie für die selbstständige Tätigkeit mindestens 15 Stunden pro Woche und mehr Zeit als für Ihren Teilzeitjob aufwenden. Wenn das nicht mehr der Fall ist, ist die Selbstständigkeit nicht mehr hauptberuflich – und Ihr Anspruch auf den Gründungszuschuss erlischt!

Achten müssen Sie allerdings darauf, dass es sich bei der Haupttätigkeit wirklich um eine selbstständige Tätigkeit handelt. Eine Automatik wie bei der Ich-AG, deren Gründer qua Gesetzesdefinition als nicht scheinselbstständig galten, gibt es beim Gründungszuschuss nicht!

Gründungszuschuss bekommen Sie auch für die Umwandlung einer nebenberuflichen in eine hauptberufliche Selbstständigkeit. Die Grenze zwischen Neben- und Hauptberuflichkeit ziehen die Arbeitsagenturen in der Regel bei einer Wochenarbeitszeit von 15 Stunden. Wer schon früher Existenzgründungszuschuss, Überbrückungsgeld oder Gründungszuschuss bekommen hat, muss nach Ende der alten Förderung 24 Monate warten. Danach haben Sie – sofern die übrigen Voraussetzungen (Bezug von Arbeitslosengeld I usw.) gegeben sind – erneut Anspruch auf Gründungszuschuss. In begründeten Ausnahmefällen ist eine erneute Förderung auch schon früher möglich.

Weitere Zuschüsse der Arbeitsagentur

Doch auch wenn Sie keinen Anspruch auf Arbeitslosengeld haben, also zuvor nicht in die Arbeitslosenversicherung eingezahlt haben, oder auch wenn Ihr Anspruch auf Arbeitslosengeld bereits verwirkt ist (etwa weil Ihre erste Gründung schiefgelaufen ist), haben Sie noch zwei Möglichkeiten, von der Bundesagentur für Arbeit einen Zuschuss zur Existenzgründung zu erhalten. Allerdings dürfen Sie in beiden Fällen nur sehr wenig Vermögen besitzen.

Einstiegsgeld

Wenn Sie sich selbstständig machen wollen und die Voraussetzungen für das Arbeitslosengeld II (ALG II) erfüllen, können Sie ebenfalls gefördert werden – und zwar mit dem Einstiegsgeld. Zweck des Einstiegsgeldes ist es allerdings nicht, Selbstständigkeit an sich zu fördern. Es soll vielmehr Empfängern von ALG II helfen, den Schritt aus der Langzeitarbeitslosigkeit heraus in die Selbstständigkeit zu wagen. Das Einstiegsgeld wird zusätzlich zum Arbeitslosengeld II gezahlt. Sie erhalten es also nur, wenn Sie vorab Hartz IV beantragen. Mit dem Einstiegsgeld kann auch die Aufnahme einer nichtselbstständigen Tätigkeit gefördert werden, allerdings ist es vorrangig eine Gründungsförderung: 70 bis 80 Prozent aller Geförderten wählen die Selbstständigkeit.

! Das Einstiegsgeld ist eine Kann-Leistung und wird nur gewährt, wenn die angestrebte Selbstständigkeit hauptberuflich ist, aber trotzdem zunächst kein halbwegs vernünftiges Einkommen erwarten lässt. Sprich: Wenn das zu erwartende Einkommen so gering ist, dass weiterhin Anspruch auf ALG II bestehen könnte.

Entscheidend für einen erfolgreichen Antrag ist es, den Fallmanager persönlich zu überzeugen. Denn er alleine entscheidet, ob, in welcher Höhe und wie lange das Einstiegsgeld bewilligt wird. Legen Sie also ein gut ausgearbeitetes Konzept vor, dass es Ihnen erleichtert, mit ihm vernünftig zu reden und ihm klarzumachen, dass dieses Konzept auf lange Sicht eine tragfähige Existenz verspricht, in der Anlaufphase aber nur sehr geringe Einkünfte erlaubt.

Folgende Unterlagen sind beim Antrag auf Einstiegsgeld notwendig:

- ❏ eine Kurzbeschreibung des Existenzgründungsvorhabens
- ❏ ein Kapitalbedarfs- und Finanzierungsplan
- ❏ eine Umsatz- und Rentabilitätsvorschau

Im Normalfall erhalten Sie bei erfolgreichem Antrag 50 Prozent des ALG II (also 172,50 Euro) plus 10 Prozent für jedes weitere Mitglied Ihrer »Bedarfsgemeinschaft«. In besonderen Fällen können Sie bis zu 100 Prozent vom ALG II (also 347 Euro) bekommen – das ist aber das absolute Maximum. Auch die Dauer, in der Arbeitslosengeld beantragt werden kann, ist begrenzt: Sie können zunächst nur für sechs Monate Einstiegsgeld bekommen. Wenn Sie diese Leistung länger erhalten wollen, wird die Höhe des Einstiegsgeldes schrittweise reduziert. Insgesamt wird das Einstiegsgeld aber höchstens zwei Jahr lang gezahlt.

Der Hinzuverdienst aus der Selbstständigkeit wird zu einem großen Teil mit dem Arbeitslosengeld II verrechnet und von diesem abgezogen – nicht aber vom Einstiegsgeld.

Ergänzendes Arbeitslosengeld II

Wenn Sie schon selbstständig sind, aber nicht genug zum Leben verdienen, können Sie ergänzendes Arbeitslosengeld II in Höhe des normalen ALG II-Satzes bekommen. Wie viel »nicht genug« ist, lässt sich nur grob sagen: Der genaue Wert richtet sich u.a. nach den tatsächlichen Miet- und Heizkosten und den persönlichen Freibeträgen. Als Richtwert gilt: Die Einkommensgrenze, unterhalb derer Selbstständige ergänzendes Alg II bekommen können, liegt z.B. für Alleinstehende im Westen bei rund 950 Euro, für ein im Osten lebendes Paar mit einem Kind bei rund 1.600 Euro.

Allerdings dürfen Sie nur sehr wenig Vermögen auf der Bank haben und Ihre Einkünfte werden auf das Arbeitslosengeld angerechnet. Auch wenn Ihr Lebenspartner zu viel verdient, bekommen Sie in der Regel nichts. Und nur wenn Sie nachweisen , dass Sie durch dieses Geld die Chance haben, dass sie mit Ihrer Selbstständigkeit irgendwann wieder halbwegs vernünftig Geld verdienen, sind Sie in der Regel weitestgehend von den Verpflichtungen »normaler« ALG-II-Empfänger befreit. Für einen erfolgreichen Antrag ist es auf jeden Fall entscheidend, die Angestellten der Arbeitsagentur persönlich zu überzeugen. Legen Sie also auch hier ein gut ausgearbeitetes Konzept vor und machen Sie klar, dass es auf lange Sicht eine tragfähige Existenz verspricht. Allerdings müssen Sie für einen erfolgreichen Antrag den gesamten Hartz-IV-Fragebogen ausfüllen und umfassende Angaben zu Ihrem Vermögen machen, das bestimmte Grenzen nicht überschreiten darf. Weitere Informationen finden Sie unter http://www.arbeitsagentur.de.

Tipp Natürlich können umgekehrt auch ALG-II-Empfänger mit selbstständiger Arbeit Geld dazuverdienen, das dann freilich weitgehend auf das ALG II angerechnet wird.

Wenn Ihr persönlicher Ansprechpartner allerdings nicht den Eindruck hat, dass Ihre Existenz erfolgversprechend ist, oder während der Zeit, in der Sie ALG II beziehen, diesen Eindruck gewinnt, kann er verlangen, dass Sie ihre selbstständige Tätigkeit aufgeben und einen anderen Job annehmen. Nach dem Gesetz wäre in diesem Fall praktisch jede andere Tätigkeit zumutbar. Auch ein 1-Euro-Job.

Förderung	**Gründungszuschuss**	**Einstiegsgeld**	**ergänzendes Arbeitslosengeld II**
Wer und wann?	Bezieher von ALG I. Aber: Anspruch auf ALG I wird durch Förderung aufgebraucht. Nachweis der unternehmerischen Eignung.	Sie bekommen den Zuschuss, wenn Sie als Bezieher von Arbeitslosengeld II Hilfe brauchen.	Bedürftige Selbstständige. Sozialleistung, kein ALG-Bezug nötig. Anrechnung von Vermögen und Einkommen.

Notwendige Unterlagen	Fackundige Stelle muss Wirtschaftlichkeit des Konzepts oder Businessplan bescheinigen		
Zeit	Hauptberufliche, selbstständige Arbeit, auf der der Schwerpunkt der Berufstätigkeit liegt; in der Regel in einem Umfang von mehr als 15 Stunden in der Woche. Nebenberufliche Selbstständigkeit wird nicht gefördert!		Keine Zeitgrenze für die Arbeit, aber der Verdienst wird vom Zuschuss abgezogen.
Anspruch	Einklagbarer Rechtsanspruch, wenn alle Voraussetzungen erfüllt sind; Ermessen der Arbeitsagentur bei Verlängerung.	Ermessen der Arbeitsagentur.	
Wie viel bekommen Sie wie lange?	Neun Monate lang Höhe des letzten ALG I (Lebensunterhalt) + 300 Euro Zuschlag für soziale Absicherung; bei Bedarf erneute Prüfung des Konzepts, Verlängerung um sechs Monate möglich, aber nur	Nach Ermessen der Arbeitsagentur max. 24 Monate lang Zuschuss zum ALG II. Höhe: etwa 50 % des ALG II (abhg. von Dauer der Arbeitslosigkeit) + 10 % vom ALG II pro Person der Bedarfsgemein-	Monatliche Regelleistung; alleinstehend 347 Euro, Partner und Kinder ohne eigenes Einkommen je etwas weniger. Zusätzliche Übernahme von angemessener Miete, Heizung. Außerdem Zuschläge für

	noch 300 Euro/ Monat, kein ALG-I-Betrag mehr.	schaft, max. aber 100 % des ALG II.	Schwangere, Alleinerziehende, chronisch Kranke.
Sozialversicherung	Sie müssen sich selbst versichern, bekommen aber einen Zuschuss.	Die Arbeitsagentur übernimmt im Rahmen des Arbeitslosengeldes II die Sozialversicherung.	
Steuern	Für Steuern gelten alle üblichen Regelungen für Existenzgründer.		

Schritt 7:
Die Sozialversicherung

Wenn sich beim Finanzamt angemeldet und falls Sie den Gründungszuschuss beantragt haben, ist Ihr nächster Schritt die Anmeldung bei der Sozialversicherung. Als Selbstständiger sind Sie hier nämlich nicht automatisch pflichtversichert, sondern müssen sich selbst anmelden. Bei einigen Versicherungen haben Sie die Wahl, ob Sie eintreten oder sich privat absichern, bei anderen Versicherungen müssen Sie sich pflichtversichern.

Krankenversicherung

Die wichtigste Sozialversicherung ist die Krankenversicherung. Früher konnten Sie als Selbstständiger auch unversichert bleiben, seit dem 1. April 2007 müssen diejenigen, die irgendwann einmal gesetzlich krankenversichert (und zwischenzeitlich unversichert waren), sich wieder in der gesetzlichen Krankenkasse versichern. Selbstständige, die schon einmal privat versichert waren (und aufgrund der Vorversicherungzeit nicht in die gesetzliche Kasse können), können sich wieder privat versichern oder bis zum 1.1.2009 ohne Krankenversicherung arbeiten. Erst dann greift die Krankenversicherungspflicht für alle Bürger. Die privaten Kassen müssen dann einen Basistarif anbieten, der dem heutigen Standardtarif entspricht und in den sie alle ohne Risikozuschläge aufnehmen müssen. Der Leistungsumfang des Basistarifs soll dem der gesetzlichen Krankenversicherung entsprechen, die Prämien dürfen den Höchstsatz der gesetzlichen Kassen von rund 500 Euro im Monat nicht überschreiten. Bei Bedürftigkeit soll der Basistarif halbiert werden können. Wer hingegen noch nie krankenversichert war, muss eine Versicherung abschließen. Ob gesetzlich oder privat, entscheidet sich generell anhand des zuletzt ausgeübten Jobs.

! Krankenversicherung, ob gesetzlich oder privat, ist nun für die meisten Selbstständigen Pflicht! Wer eigentlich Mitglied einer Krankenversicherung sein müsste, dieses nicht ist und erwischt wird, muss rückwirkend bis zum 1. April 2007 alle Beiträge nachzahlen.

Abgesehen von diesen Regeln haben Sie nun die freie Wahl unter allen Versicherungen. Suchen Sie sich also die beste Versicherung und den günstigsten Tarif für sich aus und füllen Sie den Aufnahmeantrag aus – bei vielen Versicherung geht das mittlerweile ganz unkompliziert online.

Die gesetzliche Krankenversicherung

Abgesehen von der oben genannten Ausnahmeregelung können Sie nur in die gesetzliche Krankenversicherung eintreten, wenn Sie vor Beginn Ihrer Selbstständigkeit mindestens zwölf Monate lang ununterbrochen oder in den letzten fünf Jahren insgesamt mindestens 24 Monate lang gesetzlich krankenversichert waren und noch keine 55 Jahre alt sind. Zu dieser sogenannten Vorversicherungzeit zählen neben Arbeitsverhältnissen auch Zeiten, in denen Sie über die Arbeitsagentur, über die studentische Krankenversicherung oder über die Familienversicherung der Eltern pflichtversichert waren. Dazu müssen Sie die freiwillige Weiterversicherung aber spätestens drei Monate nach Ende der Versicherungspflicht beantragen. Diese Frist dürfen Sie nicht versäumen!
Sie haben grundsätzlich die freie Wahl zwischen regionalen Allgemeinen Ortskrankenkassen (AOK), Ersatzkassen (etwa Barmer, DAK, Techniker), Betriebskrankenkassen (BKK) und Innungskrankenkassen (IKK). Ein Wechsel der Kasse ist eigentlich jederzeit mit einer Kündigungsfrist von zwei Monaten möglich. Wenn Sie aber gerade in eine neue Kasse gewechselt haben, müssen Sie mit einem weiteren Wechsel wieder 18 Monate warten.
Wie hoch Ihr Beitrag ist, hängt zum einen vom Beitragssatz Ihrer Krankenversicherung ab (derzeit variieren die Beitragssätze zwischen 11,8 und 15,5 Prozent) und davon, ob Sie einen Tarif ohne Krankengeld beziehungsweise vorgezogener Zahlung von Krankengeld gewählt haben. Daneben kommt es aber auch auf Ihren Status an. Als »normaler« Selbstständiger müssen Sie sich freiwillig gesetzlich versichern und zahlen dann den vollen Beitrag selbst, also Arbeitnehmer- *und* Arbeitgeberanteil. Leider werden Ihre Beiträge nicht nach Ihrem

tatsächlichen Einkommen berechnet, sondern es gibt ein sogenanntes maßgebliches (Mindest)einkommen, wodurch die gesetzliche Krankenversicherung für Wenigverdiender recht teuer werden kann.

z.B. Herr B. verdient im Schnitt pro Monat etwa 1.000 Euro. Dennoch nimmt die Krankenversicherung wie bei allen Selbstständigen zunächst an, dass er mindestens 3.600 Euro im Monat verdient, woraus sich beim durchschnittlichen Beitragssatz von 13,9 Prozent ein fester Monatsbeitrag von rund 500 Euro ergeben würde. Herr B. teilt der Krankenkasse jedoch mit, dass er weniger verdient und weist dies jährlich per Steuerbescheid nach. Dafür darf außerdem die Hälfte der beitragspflichtigen Einnahmen seiner Bedarfsgemeinschaft 1.837,50 Euro nicht übersteigen. Hätte er Kinder, hätte er pro Kind zusätzlich einen Freibetrag von 484 Euro. Zudem darf kein Mitglied seiner Bedarfsgemeinschaft mehr als 9.800 Euro haben, außerdem darf die Bedarfsgemeinschaft keine Einkünfte aus Kapitalvermögen oder Vermietung haben.
Da bei Herrn B. all diese Bedingungen gegeben sind, werden seine Krankenversicherungsbeiträge nach einem maßgeblichen Einkommen von 1.242,50 Euro im Monat berechnet. Herr B. zahlt bei einem Beitragssatz von 13,9 Prozent also monatlich etwa 180 Euro Krankenversicherung.

Günstiger können Sie sich als nebenberuflich Selbstständiger versichern, wenn Sie neben einer Aus- oder Weiterbildung oder Kindererziehung weniger als 18 Stunden pro Woche selbstständig sind. Wenn Sie hauptberuflich Hausfrau oder Student sind, können Sie sogar in der Familienversicherung oder der studentischen Krankenversicherung bleiben, sofern bestimmte Einkommens- und Altersgrenzen nicht überschritten werden. Als Student dürfen Sie ferner nur eine bestimmte Zeit in der Woche arbeiten. Und wenn Sie hauptberuflich Arbeitnehmer sind, brauchen Sie gar nichts zu ändern, solange Sie nicht mehr Geld als Selbstständiger verdienen.

Die private Krankenversicherung

Wenn Sie noch nie in einer gesetzlichen Krankenkasse waren, müssen Sie sich privat versichern. Vielleicht sagt Ihnen die private Krankenversicherung aber auch einfach mehr zu als die gesetzliche, schließlich können die Leistungen hier weitaus umfangreicher und die Tarife preiswerter sein.

Sie können als Selbstständiger jederzeit aus der gesetzlichen in eine private Krankenversicherung wechseln – nur die Rückkehr ist schwieriger, da Sie dazu jünger als 55 Jahre und sozialversicherungspflichtiger Arbeitnehmer mit einem bestimmten Jahresverdienst (derzeit liegt die obere Grenze bei 47.700 Euro) sein müssen.

Holen Sie sich daher Vergleichsangebote von verschiedenen Versicherungen ein – und zwar nicht mithilfe irgendwelcher Vergleichstabellen im Internet, sondern persönlich und verbindlich – denn die Tarife der privaten Versicherer sind sehr unübersichtlich. Die Höhe des Beitrages ist abhängig von Geschlecht, Eintrittsalter und Vorerkrankungen – und von den Leistungen. Überlegen Sie daher zunächst, welche Leistungen Sie benötigen: Reicht Ihnen beispielsweise eine medizinische Grundversorgung zum Basistarif oder wollen Sie eine Chefarztbehandlung im Krankenhaus? Welche Zusatzleistungen möchten Sie beim Zahnersatz? Je mehr Leistungen, desto teurer wird es. Bei bestimmten Leiden und Vorerkrankungen verlangen private Versicherungen außerdem Risikozuschläge, die die schönen Beispielrechnungen aus den Tabellen zunichtemachen können. Oder sie verweigern einem Risikofall die Aufnahme ganz. Frauen zahlen bis zu 60 Prozent mehr als Männer, und auch bei älteren Menschen sind die Beiträge höher.
Allerdings müssen die privaten Kassen voraussichtlich ab Januar 2009 einen »Basistarif« anbieten, in den sie – ohne Risikozuschläge – auch höhere Risiken aufnehmen müssen. Der Leistungsumfang des Basistarifs soll dem der gesetzlichen Krankenversicherung entsprechen, die Prämien dürfen den Höchstsatz der gesetzlichen Kassen von rund 500

Euro im Monat nicht überschreiten. Vorgesehen ist der halbe Beitragssatz für Bedürftige. Selbstständige ohne Krankenversicherung müssen ab Juli 2007 ohne Gesundheitsprüfung und Risikozuschläge in den Standardtarif aufgenommen werden.

Pflegeversicherung

Außerdem müssen Sie eine Pflegeversicherung abschließen – in der Regel dort, wo Sie auch Ihre Krankenversicherung abgeschlossen haben. Allerdings bieten alle gesetzlichen und privaten Kassen eine Pflegeversicherung an. Der Grundbeitrag beträgt in der gesetzlichen Pflegeversicherung 1,7 Prozent vom maßgeblichen Einkommen (das heißt das Einkommen, das der Berechnung Ihrer Krankenversicherungsbeiträge zugrunde liegt). Wenn Sie keine Kinder haben, müssen Sie zusätzlich 0,25 Prozent vom maßgeblichen Einkommen zahlen. Der Beitrag schließt ohne Zuzahlung die Versicherung aller Familienmitglieder ohne eigenes Einkommen ein.
Wer privat krankenversichert ist, muss eine private Pflegeversicherung abschließen. Deren Mindestleistungen sind gesetzlich vorgeschrieben; die Beiträge sind einkommensunabhängig und steigen mit dem Eintrittsalter; im Unterschied zur privaten Krankenversicherung sind Kinder (nicht aber Ehepartner) ohne eigenes Einkommen hier kostenfrei mitversichert. Nach den ersten fünf Versicherungsjahren, in denen auch Risikozuschläge erhoben werden dürfen, darf der Beitrag den Höchstbeitrag in der gesetzlichen Krankenversicherung nicht übersteigen. Erkundigen Sie sich auch hier bei verschiedenen privaten Krankenkassen nach den Konditionen.

Die Künstlersozialversicherung

Selbstständige, die hauptberuflich eine künstlerische oder publizistische Tätigkeit erwerbsmäßig, das heißt dauerhaft mit Gewinnerzielungsabsichten und nicht als Hobby ausüben und damit mehr als 3.900

Euro im Jahr verdienen und nicht mehr als einen Arbeitnehmer beschäftigen, sind über die Künstlersozialkasse (KSK) versicherungspflichtig in der gesetzlichen Renten-, Kranken- und Pflegeversicherung. Welche Berufe das sind, wird im Künstlersozialversicherungsgesetz in Paragraph 2 geregelt. Der Künstlerkatalog der Künstlersozialkasse nennt 113 Berufe, die in der Regel über die KSK versichert werden. Daneben gibt es immer aktuelle Urteile zur Aufnahme bestimmter Berufsgruppen in die Künstlersozialversicherung.
In der Regel melden Sie sich bei Aufnahme Ihrer selbstständigen künstlerischen oder publizistischen Tätigkeit selbst bei der KSK. Sie bekommen dann einen mehrseitigen Fragebogen zugeschickt, dem Sie noch einige Unterlagen beifügen sollten, etwa Einkommensnachweise, Arbeitsproben, Ausbildungsnachweise und so weiter. Wenn Sie alle Unterlagen vollständig einreichen, können Sie mit einem Bescheid der KSK in ein bis zwei Monaten rechnen. Wenn der Antrag aber unvollständig ist und sich Rückfragen ergeben, kann es unter Umständen einige Monate länger dauern.
Dabei können Sie sich den Versicherungsbeginn praktisch selbst aussuchen. Entweder Sie stellen einen formlosen Antrag bei der KSK, dann gilt das Eingangsdatum des Fragebogens bei der KSK als Versicherungsbeginn, oder Sie teilen der KSK mit: »Ich werde am Soundsovielten die freie künstlerische Tätigkeit aufnehmen.« Die Versicherung beginnt dann zu diesem Datum. Wenn Sie schon vor dem KSK-Antrag selbstständig waren, gilt die Versicherung auf jeden Fall ab Eingang des Fragebogens. Einen Versicherungsbeginn vor dem Tag der formlosen Anmeldung darf die KSK nicht feststellen. Rückwirkend werden keine Beiträge erhoben.
Teilen Sie außerdem Ihrer Krankenkasse mit, dass Sie die Aufnahme in die KSK beantragt haben, und lassen Sie sich beraten, wie Ihr Versicherungsschutz bis zur Entscheidung über den KSK-Antrag aussieht. Wenn Sie den Versicherungsbeginn so wählen, dass keine Versicherungslücke entsteht, müssen Sie nach dem positiven Bescheid der KSK die Beiträge für die Zwischenzeit nachbezahlen, eine zinslose Stundung und/oder Ratenzahlung ist möglich. Wenn Sie in der Zwischen-

zeit noch normal versichert waren, bekommen Sie doppelt gezahlte Beiträge nach Aufnahme in die KSK auf jeden Fall zurück.

Die gesetzliche Rentenversicherung

Auch in der gesetzlichen Rentenversicherung müssen Sie, außer in der Künstlersozialversicherung, die gesamten Beiträge selbst bezahlen, das sind derzeit 19,9 Prozent Ihres Einkommens beziehungsweise dessen, was Sie als Bemessungswert angeben. Sie können sich dabei freiwillig versichern oder auf Antrag eine Pflichtversicherung eingehen. Einige Berufsgruppen haben diese Wahl jedoch nicht, sie müssen sich gesetzlich versichern!
Für die meisten Berufsgruppen ist die Deutsche Rentenversicherung Bund (DRV) zuständig. Als Selbstständiger werden Sie nicht automatisch versichert, sondern müssen sich von sich aus bei der DRV melden, wenn Sie sich rentenversichern wollen oder müssen. Die DRV unterhält bundesweit rund 1.000 Auskunfts- und Beratungsstellen (unter www.deutsche-rentenversicherung.de über den Menüpunkt »Beratung« zu finden), an die Sie sich für detaillierte Auskünfte wenden können.

! Unter Umständen lohnt eine private Altervorsorge mehr als eine freiweillige Rentenversicherung. Aber: Nur wenn Sie in der gesetzlichen Rentenversicherung pflichtversichert sind (ob auf Antrag, über die KSK oder per Gesetz ist dabei egal), haben Sie Anspruch auf Riester-Förderung bei einer privaten Altersvorsorge. Die Rürup-Rente mit steuerlichen Vorteilen steht hingegen allen offen.

Freiwillige Rentenversicherung

Als Selbstständiger können Sie sich freiwillig in der gesetzlichen Rentenversicherung versichern. Sie müssen dabei keine Vorversicherungszeiten, keine Eintritts- oder Kündigungstermine beachten, sondern können die freiwillige Rentenversicherung jederzeit aufnehmen und auch wieder beenden. Wie viel Sie tatsächlich verdienen, ist für die freiwillige Rentenversicherung unerheblich. Sie können das Einkommen, nach dem Ihre Beiträge berechnet werden, frei angeben. Allerdings muss Ihr Bemessungswert mindestens 400 Euro betragen und darf die Beitragsbemessungsgrenze von 5.250 Euro (West) beziehungsweise 4.550 Euro (Ost) nicht übersteigen. Bei einem Beitragssatz von 19,9 Prozent beträgt der Mindestbeitrag also 79,60 Euro (19,9 Prozent von 400 Euro), der Höchstbeitrag 1.044,75 Euro (West) beziehungsweise 905,45 Euro (Ost). Je höher Ihr Bemessungswert, desto höher ist später Ihre Rente.

Pflichtversicherung auf Antrag

Sie können bei der DRV aber auch den Antrag auf Pflichtversicherung stellen – allerdings zahlen Sie in diesem Fall 19,9 Prozent Ihres tatsächlichen Einkommens. Zum Nachweis des tatsächlichen Einkommens verlangt die DRV den letzten Steuerbescheid und schlägt darauf die seit diesem Zeitpunkt erfolgten durchschnittlichen Einkommenserhöhungen auf. Wenn Ihr Einkommen seit dem letzten Steuerbescheid jedoch um mehr als 30 Prozent gesunken ist und Sie das mit Unterlagen wie Kontoauszügen oder Auftragsnachweise belegen können, kann Ihr Bemessungswert auch niedriger angesetzt werden. Wenn Sie weder einen Steuerbescheid noch »geeignete Unterlagen« vorlegen können (beispielsweise weil Sie sich gerade erst selbstständig gemacht haben), müssen Sie das zu erwartende Einkommen gewissenhaft schätzen. Nach dieser Schätzung werden die Rentenbeiträge berechnet, bis der erste Steuerbescheid vorliegt. Danach werden alle zukünftigen Beiträge nach dem jeweiligen Steuerbescheid berechnet.

Sie können den Antrag auf Pflichtversicherung nur in den ersten fünf Jahren der selbstständigen Tätigkeit stellen und die Pflichtversicherung auch nur wieder beenden, wenn Sie Ihre Selbstständigkeit aufgeben.

Pflichtversicherung für bestimmte Berufe und Gruppen

Einige Selbstständige haben gar keine Wahl: Sie müssen verpflichtend in die staatliche Rentenversicherung einzahlen, sobald sie mit der betreffenden Tätigkeit (was sie sonst noch machen, ist unerheblich!) mehr als 400 Euro im Monat beziehungsweise 4.800 Euro im Jahr verdienen, wenn sie selbst keine versicherungspflichtigen Arbeitnehmer beschäftigen und ihr Unternehmen keine Kapitalgesellschaft ist.

Tipp Diese Verdienstgrenze von 4.800 Euro im Jahr ist allerdings der Gewinn im Sinne des Einkommensteuerrechts. Von Ihrem Umsatz können Sie also zunächst Ihre Betriebsausgaben abziehen.

Betroffen sind von dieser Regelung unter anderem Selbstständige in Lehr-, Heil- und Pflegeberufen (darunter fallen auch Tagesmütter und Aerobictrainer), Hausgewerbetreibende oder alle, die ein zulassungspflichtiges Handwerk ausüben, sowie Selbstständige, die aufgrund eines Dauerauftragsverhältnisses oder regelmäßig wiederkehrender Auftragsverhältnisse mehr als 5/6 ihrer Honorare von ein und demselben Auftraggeber bekommen. Wenn Sie unsicher sind, ob Sie zu einer dieser Gruppen gehören, sollten Sie sich bei der DRV genau erkundigen.
Wenn Sie zu dieser Gruppe gehören, müssen Sie sich von sich aus in den ersten drei Monaten nach Aufnahme der versicherungspflichtigen Tätigkeit bei der DRV melden. Der Beitragssatz wird wie bei der Pflichtversicherung auf Antrag berechnet. Berufsanfänger können sich in den ersten drei Jahren von der Versicherungspflicht befreien lassen. Wer sich nicht meldet, muss mit Nachzahlungen bis zu vier Jahren rückwirkend rechnen. Wenn die DRV vermutet, dass man sich vorsätzlich nicht versichert hat, sogar bis zu 30 Jahren. Aber auch die Nachzahlungsverpflichtungen wegen nicht rechtzeitiger Meldung einer Honorartätigkeit verjähren nach vier Jahren. Wer meint, er würde nicht erwischt: Die DRV macht regelmäßige Betriebsprüfungen vor

allem bei solchen Auftraggebern, die viele Honorarkräfte in der betreffenden Berufsgruppe beschäftigen.

Die gesetzliche Arbeitslosenversicherung

Als Existenzgründer können Sie sich weiterhin freiwillig in der gesetzlichen Arbeitslosenversicherung versichern. Sie können als Selbstständiger allerdings nicht mehr in diese eintreten, wenn Sie eine der unten genannten Fristen versäumen. Folgende Bedingungen müssen Sie erfüllen, wenn Sie sich weiterhin versichern wollen:

- ❏ In den beiden Jahren vor Ihrer Existenzgründung müssen Sie mindestens 360 Tage lang Pflichtbeiträge als Arbeitnehmer in die gesetzliche Arbeitslosenversicherung eingezahlt haben beziehungsweise unmittelbar zuvor Arbeitslosengeld oder eine andere Entgeltersatzleistung (Übergangs-, Unterhalts- oder Insolvenzgeld) bezogen haben. Wie lange Sie dieses Geld bekommen haben, ist egal – eine Mindestbezugsdauer gibt es nicht.
- ❏ Sie müssen spätestens einen Monat nach Ende der alten Versicherungspflicht beziehungsweise der Zahlung der Entgeltersatzleistung eine hauptberuflich selbstständige Tätigkeit, für die Sie mindestens 15 Stunden pro Woche, arbeiten, aufnehmen. Das müssen Sie bei der Arbeitsagentur nachweisen, zum Beispiel durch eine Gewerbeanmeldung oder durch Ihre Steuernummer beim Finanzamt.
- ❏ Sie müssen spätestens einen Monat nach Aufnahme der selbstständigen Tätigkeit bei der Arbeitsagentur den »Antrag auf freiwillige Weiterversicherung« stellen.

Als Beitrag zahlen Sie einen festen Monatsbetrag, der von Ihrem Einkommen unabhängig berechnet wird: In Westdeutschland sind das derzeit 20,50 Euro, in Ostdeutschland 17,32 Euro (ausgehend von einem Monatseinkommen von 621,25 Euro West beziehungsweise 525,00 Ost). Diesen Beitrag müssen Sie als Selbstständiger wie alle

anderen Versicherungsbeiträge (abgesehen von der Künstlersozialversicherung) allein bezahlen. Sie können ihn auch als jährliche Einmalzahlung leisten.
Wenn Sie dann aber Arbeitslosengeld I beantragen, legt die Arbeitsagentur zur Berechnung des Arbeitslosengeldes I das Einkommen zugrunde, das im Durchschnitt in der Qualifikationsstufe erzielt wird, in die Sie die Arbeitsagentur vermitteln will. Wenn es die Arbeitsagentur dabei für zumutbar hält, kann sie Sie eine Stufe unterhalb Ihrer bisherigen Qualifikation einordnen (wodurch Sie weniger Arbeitslosengeld I bekommen). Die Arbeitslosenversicherung eignet sich auch nicht, um sich bei jeder Auftragsflaute alle paar Monate arbeitslos zu melden, denn Anspruch auf Arbeitslosengeld I haben Sie nur, wenn Sie in den zwei Jahren vor der Arbeitslosmeldung mindestens 360 Tage lang Beiträge gezahlt haben. Und um das Arbeitslosengeld I beantragen zu können, müssen Sie Ihre selbstständige Tätigkeit aufgeben, etwa indem Sie Ihr Gewerbe abmelden.
Aber: Die gesetzliche Arbeitslosenversicherung ist deutlich günstiger und damit lohnender als private Versicherungsangebote. Und: Nur wenn Sie eine vorübergehende Selbstständigkeit planen und einen vorhandenen Anspruch auf Arbeitslosengeld schon einmal geltend gemacht, aber noch nicht ausgeschöpft haben, ist die freiwillige Arbeitslosenversicherung wirklich rentabel. Sie behalten nämlich Ihren Restanspruch auf Arbeitslosengeld aus dem alten Job vier Jahre lang – vom ersten Antrag auf Arbeitslosengeld an gerechnet. In diesem Fall können Sie das Geld sparen. Kein Grund, einen solchen Antrag hinauszuschieben, ist es dagegen, wenn Sie aus einem kürzlich gekündigten Arbeitsverhältnis Anspruch auf ein deutlich höheres Arbeitslosengeld haben, als Sie es als Selbstständiger bekommen würden: In einem solchen Fall gibt es einen faktischen Bestandsschutz auf den höheren Anspruch.

Die gesetzliche Unfallversicherung

Die gesetzliche Unfallversicherung, getragen durch die Berufsgenossenschaften, sichert Invalidität in Folge von Unfällen bei der Arbeit, auf dem Arbeitsweg und bei Berufskrankheiten ab. Die derzeit 26 Berufsgenossenschaften sind nach Branchen gegliedert, wobei sich dem Laien nicht immer sofort erschließt, welcher Beruf zu welcher Branche gehört. Beim Hauptverband der gewerblichen Berufsgenossenschaften (HVBG) erfahren Sie über eine kostenpflichtige Hotline (Tel. 01805-188088 für 12 Cent/Minute), bei welcher Berufsgenossenschaft Sie Ihr Unternehmen dann schriftlich oder telefonisch anmelden können.

z.B.

Die Verwaltungs-Berufsgenossenschaft der Banken, Versicherungen, Verwaltungen, freien Berufe und besonderen Unternehmen ist auch zuständig für Lehrkräfte und IT-Berufe. Wer jedoch die Installation, Reparatur und Wartung von EDV-Equipment durchführt, für den ist die Berufsgenossenschaft der Feinmechanik und Elektrotechnik zuständig. Wer einen eigenen Laden eröffnet, wendet sich an die Berufsgenossenschaft für den Einzelhandel; wenn Sie jedoch Lebensmittel verkaufen, gibt es hierfür eigene Berufsgenossenschaften.

Wenn Sie Arbeitnehmer beschäftigen, sind diese immer in der zuständigen Berufsgenossenschaft versichert. Die Beiträge leisten Sie als Arbeitgeber aber allein, weil die Berufsgenossenschaften die Haftung für Risiken der Unternehmen übernehmen. Praktikanten, die ohne Entgelt beschäftigt sind, werden kostenlos versichert. Ehepartner, die einen Lohn erhalten, gelten als Arbeitnehmer. Zusätzlich müssen Sie eine Insolvenzumlage zahlen, aus der die Arbeitsagenturen bei Firmenpleiten das Insolvenzgeld an die Arbeitnehmer bezahlen.
In einigen Berufsgenossenschaften sind Sie außerdem als Unternehmer automatisch mit Ihrem Unternehmen pflichtversichert – das ist in der jeweiligen Satzung der Berufsgenossenschaft festgelegt. Wenn Ihr Ehepartner im Unternehmen mitarbeitet, ohne Gehalt zu beziehen, ist er ebenfalls pflichtversichert. Wenn Sie nicht pflichtversichert sind,

können Sie als Unternehmer (und Ihr unentgeltlich mitarbeitender Ehepartner) auch freiwillig in eine gesetzliche Unfallversicherung eintreten. Ob das sinnvoll ist, hängt davon ab, wie Sie sonst versichert sind.

Es ist gängige Praxis, dass die Gewerbeämter der zuständigen Berufsgenossenschaft Ihre Gewerbeanmeldung zuschicken und Ihre Berufsgenossenschaft sich mit Ihnen in Verbindung setzt. Dennoch sollten Sie Ihre Berufsgenossenschaften innerhalb einer Woche über Ihre Existenzgründung informieren. Wenn Sie nicht pflichtversichert sind und sich freiwillig versichern wollen, müssen Sie das ohnehin tun. Wenn Sie sich nicht angemeldet haben, obwohl Sie beziehungsweise Ihre Arbeitnehmer pflichtversichert sind, müssen Sie mit rückwirkenden Beitragsnachzahlungen bis zum Tag der Eröffnung Ihres Unternehmens rechnen. Die Ansprüche der Berufsgenossenschaft auf Beiträge verjähren erst vier Jahre nach Ablauf des Kalenderjahres, in dem sie fällig geworden sind. Vorsätzlich nicht gezahlte Beiträge können die Berufsgenossenschaften sogar noch bis zu 30 Jahre nach Fälligkeit einfordern!

Scheinselbstständigkeit

Auch wenn Sie sich beim Finanzamt als selbstständig gemeldet haben, kann es sein, dass Sie für die Sozialversicherung dennoch ein Arbeitnehmer sind: Dann nämlich, wenn Sie als Auftragnehmer vom Auftraggeber vorgeschrieben bekommen, wo und wann Sie Ihre Arbeit machen, und vor allem, wenn Sie in die Arbeitsorganisation Ihres Auftraggebers fest eingebunden sind. Damit gelten Sie als scheinselbstständig. Dabei ist es auch völlig unwichtig, wie viele Auftraggeber Sie haben – sobald diese Kriterien vorliegen, sind Sie für dieses Auftragsverhältnis scheinselbstständig. Aber: Wenn einer Ihrer Verträge als scheinselbstständig eingestuft wird, betrifft das nur dieses eine Auftragsverhältnis. Daneben können Sie trotzdem selbstständig für Ihre anderen Kunden weiterarbeiten.

Tipp Wenn Ihr Auftragsverhältnis als scheinselbstständig eingestuft wird, können Sie entweder die Vertragsbedingungen so ändern, dass Sie richtig selbstständig werden – oder aber Sie werden sozialversicherungsrechtlich zum Arbeitnehmer. In diesem Fall zahlen dann Sie und der Auftraggeber jeweils die Hälfte der Sozialversicherungsbeiträge. Steuer- und arbeitsrechtlich können Sie dabei selbstständig bleiben, wenn das Finanzamt nichts dagegen hat. Eine dritte Möglichkeit ist, die Selbstständigkeit aufzugeben und sich als Arbeitnehmer einstellen zu lassen – gegebenenfalls in Teilzeit mit selbstständigen Tätigkeiten nebenher.

Wenn Sie nicht genau wissen, ob Sie Ihren Auftrag als selbstständige Arbeit oder als Arbeitnehmer durchführen, können sie ein »Statusfeststellungsverfahren« bei der DRV beantragen. Diese entscheidet dann aufgrund der oben genannten Kriterien verbindlich, wie das jeweils konkrete Vertragsverhältnis (und nur dieses!) einzustufen ist. Wurde eine Statusanfrage bei der DRV gestellt und die Scheinselbstständigkeit festgestellt, sind Sie dennoch erst vom Feststellungstermin an versicherungspflichtig. Wenn die DRV hingegen bei einer Betriebsprüfung nach Ablauf der Monatsfrist ein Beschäftigungsverhältnis feststellt, so gilt die Versicherungspflicht rückwirkend. Falls Sie in dieser Zeit nicht anderweitig versichert waren und auch nicht auf die Rückwirkung verzichten, muss Ihr Auftraggeber in diesem Fall die Beiträge für bis zu vier Jahre nachbezahlen – und zwar den Arbeitgeber- *und* den Arbeitnehmeranteil! Daher verlangen einige Auftraggeber von ihren Auftragnehmern, bei Beginn des Vertragsverhältnisses ein Statusfeststellungsverfahren zu beantragen.

Schritt 8:
Weitere Versicherungen

Wenn Sie die Anmeldungen bei der gesetzlichen Sozialversicherung erledigt haben, sollten Sie sich in einem letzten Schritt darum kümmern, sich, Ihr Unternehmen und Ihre Familie gegen mögliche Schadensfälle abzusichern. Diese zusätzlichen Versicherungen sind, bis auf wenige Ausnahmen bei der Haftpflichtversicherung, freiwillig, und Sie können aus einem großen Angebot an Versicherungen wählen. Doch wer die Wahl hat, hat die Qual: Die Konditionen der einzelnen Versicherungen können sehr unterschiedlich sein. Beim Abschluss einer Versicherung ist eine Menge zu beachten, damit sich Ihre Absicherung im Schadensfall nicht dank irgendeiner Klausel als Illusion erweist. Darüber hinaus müssen Sie aus der Menge der vielen verschiedenen Leistungen und Angebote das Paket zusammenschnüren, das Ihre persönlichen Risiken am besten absichert. Denn nicht jede Versicherung ist auch für jeden sinnvoll. Die in den folgenden Kapiteln kurz dargestellten Versicherungen haben sich jedoch als besonders nützlich für Existenzgründer erwiesen.

Darauf sollten Sie bei Abschluss einer Versicherung achten:

- ❑ Ermitteln Sie zunächst Ihren konkreten Versicherungsbedarf. Spielen Sie im Kopf verschiedene Szenarien und die konkreten Risiken einmal durch: »Was passiert finanziell, wenn …« Vielleicht sind Sie bereits abgesichert, etwa durch Vermögen? Wenn nicht, sollten Sie prüfen, welche Absicherung möglich ist.
- ❑ Lassen Sie sich nicht von anderen hineinreden: Berufliche Tätigkeit, Alter, Familienstand, Hobbys – alles Dinge, die die Risikofaktoren bestimmen – sind bei jedem anders. Wenn eine Versicherung für den einen optimal ist, bedeutet das noch lange nicht, dass es auch für Sie passt.
- ❑ Einige Versicherungen (zum Beispiel Kranken-, Unfall- und Berufsunfähigkeitsversicherung) decken teilweise ähnliche Risiken ab. Überprüfen Sie genau, welche Versicherung welche Schadensfälle absichert, und verzichten Sie auf teure Überversicherung.

- ❑ Besser ist fast immer, breite Risiken abzudecken, statt teure Spezialfälle zu versichern, denn Spezialversicherungen sind zwar einzeln betrachtet preiswerter, im gesamten Preis-Leistungs-Verhältnis allerdings meist zu teuer. Ausnahme: Bestimmte Schadensfälle sind in Ihrer speziellen beruflichen Situation sehr wahrscheinlich.
- ❑ Vorsicht jedoch bei der Kombination mehrerer Versicherungen (etwa private Renten- und Berufsunfähigkeitsversicherung). Pakete mögen zwar bequemer sein, einzelne Versicherungen bieten in der Regel jedoch bessere Konditionen zu günstigeren Preisen. Schauen Sie auch hier genau hin!
- ❑ Achtung bei besonders günstigen Angeboten: Versicherungen, die einen vernünftigen und umfassenden Schutz bieten, sind auch meist entsprechend teuer, weil die Versicherung die Risiken einkalkulieren muss. Preiswerte Versicherungen enthalten meist Ausschlussklauseln. Auch wenn die Versicherung billig erscheint: Wenn Sie nicht auf Ihren Bedarf zugeschnitten ist, können Sie ebenso gut darauf verzichten.
- ❑ Lassen Sie sich nie zum Abschluss einer Versicherung drängen, sondern studieren Sie genau und in Ruhe die Konditionen und Vertragsbedingungen.
- ❑ Suchen Sie nach weiteren Informationen. Für entsprechende Internetseiten mit Versicherungsvergleichen sowie für die Beratung beim Versicherungsmakler zahlen Sie in der Regel nichts – allerdings erhalten sie Provisionen von den Versicherungen und sind daher nicht hundertprozentig unabhängig. Teurer ist hingegen die Beratung durch die Verbraucherzentrale oder einen absolut unabhängigen Versicherungsberater. Eine preiswertere Alternative können entsprechende Bücher oder die Fachartikel unabhängiger Journalisten sein.

Private Altersvorsorge

Als Selbstständiger sind Sie von staatlicher Seite in der Regel schlechter abgesichert als ein Arbeitnehmer. Daher sollten Sie unbedingt privat für das Alter vorsorgen. Doch den Königsweg für einen finanziell sicheren Ruhestand gibt es nicht. Welche Formen der privaten Altersvorsorge optimal für Sie sind, hängt von den individuellen Voraussetzungen ab. Erstellen Sie daher zunächst einen individuellen Plan, welche Vorsorge überhaupt nötig ist und wie viel Geld Sie benötigen werden. In der Regel geht man davon aus, dass Sie 70 bis 80 Prozent Ihres letzten Bruttoeinkommens brauchen, um im Alter Ihren gewohnten Lebensstandard zu halten.

Welche Vorsorge benötigen Sie?

- ❏ Zahlen Sie Miete oder wohnen Sie mietfrei? Kalkulieren Sie die Kosten für die Mietwohnung ein. Wenn Sie heute noch zur Miete wohnen, ist vielleicht eine Immobilie als Altervorsorge geeignet.
- ❏ Wie wollen Sie im Ruhestand leben? Haben Sie beispielsweise kostspielige Hobbys? Wollen Sie viele Reisen unternehmen oder im Ausland leben? Kalkulieren Sie die Kosten dafür ein!
- ❏ Haben Sie an Ausgaben für die Gesundheit gedacht? Kalkulieren Sie die Kosten für Heilbehandlungen ein oder schließen Sie spezielle Versicherungen dafür ab.
- ❏ Wann soll der Ruhestand beginnen? Mit wie viel Jahren wollen Sie in Rente gehen? Je früher Ihr Ruhestand beginnt, desto mehr Geld benötigen Sie.
- ❏ Wollen Sie Ihre Rente monatlich oder als einmalige Kapitalauszahlung bekommen? Auch danach sollten Sie Ihr Altersvorsorgeprodukt wählen.

Wägen Sie die Risken der Anlageformen gegeneinander ab. Das Anlagerisiko ist die Wahrscheinlichkeit, mit der ein Vermögen an Wert gewinnt oder verliert. Ob Sie bereit sind, einen vorübergehenden Verlust beim gesparten Kapital zu riskieren (zum Beispiel bei Aktienfonds), hängt nicht nur von Ihrer persönlichen Einstellung und Ihren Vorlieben für bestimmte Anlageformen ab. Berücksichtigen Sie auch Ihre aktuelle Vermögenslage, Ihre familiäre Situation, Ihren Bedarf an jederzeit verfügbarem Kapital, Ihre Vorlieben für bestimmte sichere oder renditestarke Anlageformen und die Zeit, die für den Vermögens-

aufbau bis zum Ruhestand verbleibt. Als Faustregel gilt: Wer noch 20 Jahre oder länger mit einem geregelten Einkommen rechnen kann, kann auch mehr riskieren. Als Existenzgründer müssen Sie jedoch in den ersten Jahren mit einem unsicheren Einkommen kalkulieren und sollten daher auf Nummer sicher gehen, bis Sie etwas fester im Sattel sitzen. Fragen Sie diesbezüglich aber auch gezielt nach der jährlichen Rendite, der Laufzeit und der Möglichkeit, bei unvorhergesehenen Notfällen vorzeitig ohne großen Verlust an Ihr Geld heranzukommen. Berücksichtigen Sie die Geldentwertung. Die durchschnittliche Inflationsrate der letzten 50 Jahre betrug 2,8 Prozent pro Jahr. Ein Geldbetrag von heute 100 Euro ist bei 2 Prozent Inflation pro Jahr in zehn Jahren nur noch 82, in 30 Jahren sogar nur noch 55 Euro wert. Festverzinsliche Anlagen (Sparpläne der Banken oder Sparbeiträge, die in Versicherungen und Anleihen angelegt sind) können sich kaum der Inflation anpassen. Dagegen kann der Wert von Immobilien und Aktien mit der Inflation steigen. Suchen Sie daneben nach Steuervorteilen der einzelnen Sparprodukte. Sparen Sie außerdem kontinuierlich einen festen Betrag. Statistiken zeigen, dass regelmäßige Sparer eine deutlich höhere Rendite erreichen als Anleger, die aufs Geratewohl immer mal wieder einen Betrag investieren.
Wenn es einmal nötig werden sollte, Arbeitslosengeld II (Hartz IV) zu beantragen, dürfen Sie nur ein bestimmtes Vermögen haben. Dieses Geld muss aber so angelegt sein, dass Sie vor dem Rentenalter nicht herankommen. Flexibilität kann hier also nachteilig sein. Es gibt drei Ausnahmen: Wenn Sie von der gesetzlichen Rentenversicherung befreit sind und das ausdrücklich mit einem Bescheid nachweisen können (und nicht einfach nur nicht versichert sind), dürfen Sie Ihr Vermögen, das nachweislich zur Altersvorsorge bestimmt ist, in beliebiger Höhe behalten. Wenn Sie kurz vor der Rente stehen und große Lücken in der Altersvorsorge haben, dürfen Sie auch Spargelder oder selbstgenutztes Wohneigentum in beliebiger Höhe behalten. Ihr Vermögen in der Riester- oder Rürup-Rente wird in keinem Fall in die Vermögensanrechnung einbezogen. Geschützt sind dabei die geförderten Beiträgen und die daraus erzielten Erträge.

Die verschiedenen Formen der Altersvorsorge im Überblick

Vorsorgeformen	Vorteile	Nachteile
Riester-Rente	❏ absetzbar als Sonderausgabe ❏ keine Kapitalertragssteuer ❏ staatliche Förderung ❏ hohe Sicherheit (mindestens eingezahlte Beiträge garantiert) ❏ absolut pfändungssicher bei Insolvenz oder Hartz IV ❏ Beitragsruhigstellung möglich ❏ Förderung auch für nicht förderberechtigten Ehepartner ❏ vereinfachte Handhabung durch Dauerzulageantrag	❏ nachgelagerte Besteuerung ❏ Rückzahlung der staatlichen Förderung bei Umzug ins Ausland ❏ Auszahlung nur als lebenslange Rente, keine Einmalauszahlung ❏ keine Beleihung des Kapitals ❏ nur für Pflichtversicherte in der gesetzlichen Rentenversicherung ❏ keine Absicherung für Hinterbliebene ❏ vererbbar nur an Ehepartner oder kindergeldberechtigte Kinder
Rürup-Rente (Basis-Rente)	❏ staatlich gefördert durch Steuerersparnis ❏ keine Kapitalertragssteuer ❏ absolut pfändungssicher bei Hartz IV und Insolvenz ❏ zusätzlich ebenfalls steuerbegünstigte Berufsunfähigkeits- oder Hinterbliebenenabsicherung möglich ❏ für Selbstständige, die nicht in die gesetzliche Rentenversicherung einzahlen, besonders günstig	❏ begrenzte Auswahl an Sparformen ❏ geringe Flexibilität (keine Übertragung, Veräußerung, Verpfändung oder Beleihung) ❏ nachgelagerte Besteuerung, (nachteilig bei Vermögen im Alter). ❏ keine Kapitalgarantie bei unsicheren Anlageformen ❏ Auszahlung erst ab 60, keine Einmalauszahlung ❏ Zusatzversicherungen (z. B. für Todesfall) kosten Rendite ❏ vererbbar nur an Ehepartner oder kindergeldberechtigte Kinder

Private Rentenversicherung	❑ Steuervorteile bei monatlichen Rentenzahlungen ❑ hohe Sicherheit (Zinsgarantie) ❑ Flexibilität (Wahl der Auszahlungsform, Teilentnahme, vorzeitige Kapitalentnahme) ❑ Zusatz Hinterbliebenenschutz möglich ❑ bei Vertrag über monatliche Auszahlung ab 60. Lebensjahr keine Kapitalertragssteuer ❑ von monatlicher Rentenzahlung nur Ertragsanteil zu versteuern ❑ keine Gesundheitsprüfung	❑ geringe Renditen ❑ feste Laufzeit ❑ keine Absetzbarkeit als Sonderausgabe ❑ keine staatlichen Zuschüsse ❑ pfändbar bei Hartz IV ab 16.250 Euro (oder weniger, wenn 250 Euro pro Lebensjahr erreicht) ❑ vorzeitige Auszahlung steuerlich ungünstig
Lebensversicherung	❑ steuerbegünstigte Auszahlung bei Ablauf ab 60. Lebensjahr ❑ Umwandlung der Auszahlungssumme in eine lebenslange Rente möglich ❑ hohe Sicherheit ❑ Hinterbliebenenschutz ❑ einfache Handhabung ❑ Zusatzversicherungen möglich ❑ Beitragsauszahlungen möglich	❑ eingeschränkte Flexibilität (feste Laufzeit, nur Verkauf, Kündigung oder Beleihen bzw. Beitragsaussetzung möglich) ❑ hohe Kosten, v.a. wegen Todesfallschutz ❑ Gesundheitsprüfung erforderlich ❑ pfändbar bei Hartz IV ab 16.250 Euro (oder weniger, wenn 250 Euro pro Lebensjahr erreicht)
Immobilie	❑ Sachwert, vor Inflation und Kursschwankungen sicher ❑ mittel- bis langfristig Wertsteigerung wahrscheinlich ❑ Immobilienkauf steuerlich gefördert ❑ bei Hartz IV je nach Größe Behalt des selbstgenutzten Wohneigentums möglich	❑ keine garantierte Wertsteigerung ❑ zusätzliche Kosten durch laufende Instandhaltung ❑ geringe Flexibilität durch langfristige Bindung des Kapitals ❑ hohe finanzielle Belastung ❑ kostet Zeit und Arbeit

Festverzinsliche Wertpapiere	❏ Sicherheit, da garantierte Verzinsung ❏ Flexibilität (teilweise tägliche Verfügbarkeit) ❏ keine feste Sparsumme ❏ zusätzliche Einzahlungen sind jederzeit möglich ❏ Verwaltung kostenlos möglich	❏ aufwendiges Verfahren ❏ voll steuerpflichtig ❏ bei Unternehmenskonkurs Verlust ❏ teilweise hohe Depotgebühren ❏ teilweise hohe Gebühren bei Kauf und Verkauf ❏ ❏ voll pfändbar bei Hart IV
Sparen	❏ einfache Handhabung ❏ bei Bausparvertrag staatliche Wohnungsbauprämie ❏ Totalverlust praktisch ausgeschlossen	❏ feste Vertragslaufzeit ❏ geringe Rendite, daher zur Altersvorsorge eher ungeeignet ❏ Banksparplan: bei vorzeitiger Kündigung nur die Sparbuchzinsen ❏ beim Sparbuch ohnehin nur niedrige Sparbuchzinsen, Abheben beschränkt, sonst Strafgebühren ❏ voll steuerpflichtig ❏ ❏ voll pfändbar bei Hartz IV

Fondsgebundene Policen	❏ Hinterbliebenenschutz möglich ❏ Umwandlung der Einmalauszahlung in lebenslange Rente bei manchen Gesellschaften später möglich ❏ steuerbegünstigte Auszahlung bei Mindestalter 60 Jahre und lebenslanger monatlicher Rente ❏ Zusatzversicherungen möglich (z. B. Berufsunfähigkeit) ❏ Beitragsaussetzung möglich ❏ Beleihbarkeit eingeschränkt möglich ❏ meist höhere Rendite als bei klassischer Lebensversicherung ❏ einfache Handhabung ❏ zinsfreie Policendarlehen bei manchen Gesellschaften möglich	❏ feste Laufzeit ❏ bei Todesfallschutz weniger Rendite ❏ meist höhere Kostenbelastung als bei Direkteinzahlung in Investmentfonds ❏ je nach Art der Versicherung Gesundheitsprüfung erforderlich ❏ Fonds unterliegen Kurschwankungen ❏ meist keine Garantien ❏ pfändbar bei Hartz IV ab 16.250 Euro (oder weniger, wenn 250 Euro pro Lebensjahr erreicht), wenn Auszahlung nicht vor dem 60. Lebensjahr vereinbart
Investmentfonds und Aktien	❏ hohe Flexibilität (ganz oder teilweise verkaufbar, jederzeit verfügbar, keine feste Laufzeit) ❏ keine feste Anlagesumme erforderlich ❏ zusätzliche Einzahlungen möglich ❏ in der Regel langfristig höhere Renditechancen als bei anderen Anlageformen ❏ bei finanziellen Engpässen Sparaussetzung möglich ❏ klar ausgewiesene Gebühren ❏ für jeden Anlegertyp der passende Fond ❏ Inflationsausgleich praktisch mit eingebaut (Sachwerte)	❏ Auszahlungssumme abhängig vom Kurs bei Verkauf, bei Aktien auch Totalverlust möglich ❏ Garantieverzinsung mit hohen Kosten verbunden ❏ Auswahl des richtigen Fonds schwierig wegen Vielzahl der Angebote und Anlagestrategien ❏ keine steuerliche Absetzbarkeit ❏ voll pfändbar bei Hartz IV ❏ lohnt nur langfristig

Berufsunfähigkeitsversicherung

Die Berufsunfähigkeitsversicherung gilt als eine der wichtigsten Versicherungen. Statistiken zeigen: Jeder fünfte Angestellte und jeder dritte Arbeiter scheidet vor Erreichen des Rentenalters wegen Berufs- oder Erwerbsunfähigkeit aus dem Berufsleben aus. Die Hauptursachen sind Herz- und Kreislauferkrankungen, orthopädische Beeinträchtigungen, Krankheiten der Nerven oder Psyche, Tumore und innere Krankheiten. Dabei spielen Unfälle nur eine untergeordnete Rolle.
Die staatlichen Leistungen bei Berufsunfähigkeit sind vergleichsweise gering: Wenn Sie mindestens fünf Jahre lang in die gesetzliche Rentenversicherung eingezahlt haben und mindestens drei Jahre lang in den letzten fünf Jahren vor Eintritt der Berufsunfähigkeit pflichtversichert waren, haben Sie nur Anspruch auf eine Berufsunfähigkeitsrente, falls Sie vor dem 2. Januar 1961 geboren wurden. Als berufsunfähig gelten Sie für die gesetzliche Rentenversicherung, wenn Sie aus gesundheitlichen Gründen (Nachweis durch den Arzt erforderlich) in Ihrem oder einem anderen zumutbaren Beruf weniger als sechs Stunden täglich arbeiten können. Wenn Sie erst nach dem 2. Januar 1961 geboren oder erst nach 2000 in die Rentenversicherung eingetreten sind, können Sie nur eine gesetzliche Erwerbsminderungsrente bekommen. Das bedeutet, dass Sie aus gesundheitlichen Gründen weniger als drei Stunden (volle Erwerbsminderung) beziehungsweise zwischen drei und sechs Stunden (halbe Erwerbsminderung) täglich arbeiten können, egal in welchem Beruf und unabhängig davon, ob ein Arbeitsplatz tatsächlich zur Verfügung steht.

Die Frage bei der Berufsunfähigkeitsversicherung ist nicht, ob Sie irgendeine Versicherung, sondern ob Sie eine gute Versicherung bekommen, die Ihre Risiken auch abdeckt. Leider haben viele Versicherungen sehr strenge Ausschlussklauseln.

Daher empfiehlt sich eine private Absicherung gegen Berufsunfähigkeit: Doch leider gibt es hier eine Vielzahl von Angeboten mit teilweise großen Unterschieden bei Beitragszahlung und Leistung. Ein Vergleich wird dadurch erschwert, dass die einzelnen Versicherungsunternehmen auch unterschiedliche Formulierungen für die gleichen Sachverhalte verwenden. Auch wenn es kompliziert ist: Schauen Sie genau hin, denn die richtige Versicherung entscheidet darüber, ob Sie im Krankheitsfall etwas bekommen oder nicht.

Darauf sollten Sie bei Abschluss der Berufsunfähigkeitsversicherung achten:

- ❑ Um keine Nachteile zu haben, sollten Sie der Versicherung nicht mitteilen, ob Sie bereits bei anderen Unternehmen Anträge gestellt haben, die abgelehnt wurden. Allerdings: Da entsprechende Ablehnungen zentral erfasst werden, sind sie jeder Versicherungsgesellschaft zugänglich – diese können daher leicht herausfinden, ob Sie bereits bei anderen Versicherungen abgelehnt wurden. Um dies zu umgehen, bleibt Ihnen nur, die Angebote nicht nach und nach, sondern möglichst alle gleichzeitig einzuholen.
- ❑ Achten Sie darauf, dass in den Antragsformularen nur nach Krankheiten und Beschwerden gefragt wird, die nicht länger als fünf Jahre zurückliegen (bei stationären Klinikaufenthalten nicht länger als zehn Jahre).
- ❑ Schreiben Sie fest, dass auf Antrag auch eine zinslose Stundung der Beiträge möglich ist, ohne dass der Versicherungsschutz verloren geht. Das ist wichtig, wenn Sie zeitweise kein Einkommen haben.
- ❑ Klären Sie, ob der Versicherer auf die Anwendung von Paragraph 41 des Versicherungsvertragsgesetzes verzichtet. Dieser würde der Versicherung erlauben, nachträglich vom Vertrag zurückzutreten oder den Beitrag zu erhöhen, wenn bereits bei Vertragsbeginn ein erhöhtes Risiko vorlag, das Ihnen aber nicht bekannt war und das Sie deshalb nicht angegeben haben. Wichtig: Schließen Sie das Kündigungs- und das Beitragserhöhungsrecht aus diesem Grund aus oder begrenzen Sie dieses Recht zumindest auf maximal fünf Jahre.

- ❏ Wählen Sie eine Versicherung, die bei verspäteter Meldung einer Berufsunfähigkeit rückwirkend zahlt. Einige tun dies bis zu drei Jahren.
- ❏ Legen Sie vertraglich fest, dass die Berufsunfähigkeit anerkannt wird, wenn ein Arzt sie für »voraussichtlich sechs Monate« prognostiziert, und nicht, wie in einigen Verträgen, für drei Jahre.
- ❏ Stellen Sie sicher, dass Sie den Arzt, der Ihre Berufsunfähigkeit bescheinigt, frei wählen können.
- ❏ Vereinbaren Sie einen Versicherungsschutz, der mindestens bis zum 65. Lebensjahr gilt – besser noch bis zum 67. Lebensjahr.
- ❏ Lassen Sie keine (abstrakte) Verweisung im Vertrag zu.
- ❏ Vermeiden Sie Verträge, mit denen die Versicherung bestimmte Vorerkrankungen ausschließen will.
- ❏ Vermeiden Sie Verträge, in denen die Versicherung verlangt, dass Sie den Wechsel in einen anderen, riskanteren Beruf oder die Aufnahme eines risikoreichen Hobbys nachmelden und dann dementsprechend höhere Beiträge zahlen. Besser: Die einmal vereinbarten Bedingungen gelten auch bei Veränderungen weiter.
- ❏ Lassen Sie sich eine Nachversicherungsgarantie zusichern, mit der Sie ihre Beiträge (und damit auch die späteren Leistungen) ohne erneute Gesundheitsprüfung nachträglich erhöhen können (beispielsweise bei Heirat, Geburt, Einkommenszuwachs oder Immobilienerwerb).
- ❏ Regeln Sie, dass der Schutz weltweit gilt, also auch, wenn Sie später einmal ins Ausland ziehen.
- ❏ Akzeptieren Sie keine Klauseln, die Ihnen im Fall einer Berufsunfähigkeit bestimmte Heilbehandlungen vorschreiben.

Dread-Disease-Versicherung

Nicht jeder, der eine Berufsunfähigkeitsversicherung abschließen möchte, kann dies auch tun. Als Alternative bieten sich Dread-Disease-Versicherungen an. Der Begriff »Dread Disease« kommt aus dem Englischen und bedeutet so viel wie »schwere Krankheit«. Die Leistung aus dieser Versicherung ist im Regelfall ein einmaliger Geldbetrag. Er wird gezahlt, wenn eine der vertraglich definierten Krankheiten eintritt. Denn auch wenn keine Berufsunfähigkeit vorliegt, führt eine schwere Erkrankung häufig zu einer dauerhaften Einschränkung der persönlichen Leistungsfähigkeit. Was eine Dread-Disease-Versicherung konkret leistet, hängt von dem Tarif der einzelnen Anbieter ab. Jede Gesellschaft versichert unterschiedliche Krankheiten. Im Allgemeinen sind Krankheiten wie Krebs, Herzinfarkt, Schlaganfall – auch Bypass-Operationen – im Versicherungsschutz eingeschlossen. Grundsätzlich gilt: Je mehr Krankheiten eingeschlossen werden, desto höher liegt auch der Versicherungsbeitrag.

z.B. Herr G. hat als Unternehmer keine Berufsunfähigkeitsversicherung abgeschlossen. Als er einen Herzinfarkt bekommt, wird dank der Dread-Desease-Versicherung die vereinbarte Versicherungssumme fällig und er hat den nötigen finanziellen Spielraum, um sein Unternehmen neu zu orientieren.

Grundfähigkeitsversicherung

Die Grundfähigkeitsversicherung leistet im Falle des Verlustes bestimmter Fähigkeiten eine monatliche Rente. Im Vertrag werden alle Fähigkeiten aufgelistet, die versichert sind – etwa Sehen, Autofahren oder Greifen. Kann der Versicherte diese Tätigkeiten infolge von Krankheit, Körperverletzung oder Kräfteverfall nicht mehr ausführen, leistet die Versicherung. Voraussetzung dafür ist eine ärztliche Beurteilung, aus der hervorgeht, dass der Betroffene mindestens zwölf Monate lang ununterbrochen nicht fähig war oder ist, mindestens eine der im Vertrag festgelegten Tätigkeiten durchzuführen.

Erwerbsunfähigkeitsversicherung

Die Erwerbsunfähigkeitsversicherung dient als Absicherung für den Fall, dass Sie nicht mehr in der Lage sind, irgendeine Tätigkeit regelmäßig und dauerhaft auszuüben. Damit ähnelt sie der gesetzlichen Erwerbsminderungsrente. Anders als bei einer Berufsunfähigkeitsversicherung hat der bisher ausgeübte Beruf keinerlei Bedeutung, ebenso wenig das bislang erzielte Einkommen. Eine Erwerbsunfähigkeitsversicherung ist deshalb auch bedeutend günstiger als eine Berufsunfähigkeitsversicherung. Auch für die Erwerbsunfähigkeitsversicherung gilt: Sie wird als selbstständige Versicherung oder als Zusatzversicherung in Verbindung mit einer Renten-, Kapitallebens-, fondsgebundenen oder Risikolebensversicherung angeboten.

Private Unfallversicherung

Eine Unfallversicherung sichert Sie dann ab, wenn Sie infolge eines Unfalls dauerhaft körperlich oder geistig beeinträchtigt sind. Im Fachjargon wird eine solche Beeinträchtigung als Invalidität bezeichnet. Ein Unfall setzt voraus, dass die versicherte Person durch ein plötzlich von außen auf den Körper wirkendes Ereignis (Unfallereignis) unfreiwillig eine Gesundheitsschädigung erleidet. Im Gegensatz zur Berufsgenossenschaft zahlt eine private Unfallversicherung auch bei Unfällen in der Freizeit und in der Regel weltweit. Doch auch wenn sich statistisch gesehen alle sechs Sekunden ein Unfall in Heim und Freizeit ereignet, ist nur ein relativ geringer Anteil davon auch für schwere Behinderungen verantwortlich. Viel häufiger sind Arbeitsunfälle oder Krankheiten. Ob sich eine Unfallversicherung für Sie lohnt, hängt immer von den im Vertrag festgeschriebenen Bedingungen ab – und davon, wie Sie sonst versichert sind. Zusammen mit einer Dread-Disease-Versicherung gegen Krankheiten kann eine private Unfallversicherung eine gute Alternative sein, wenn Sie beispielsweise keine Berufsunfähigkeitsversicherung bekommen.

Einige Versicherungen bieten auch einen erweiterten Versicherungsschutz, zum Beispiel für Verletzungen von Gliedmaßen oder der Wirbelsäule (Verrenkungen oder Riss von Muskeln, Sehnen, Kapseln oder Bändern), auch wenn der Schaden nur durch übermäßige Kraftanstrengung ohne Auswirkung von außen eintritt (beispielsweise wenn Sie ein schweres Möbelstück heben). Auch Zeckenbisse und sogar einige frauentypische Krebserkrankungen werden von manchen Versicherungen als Unfall behandelt. Fragen Sie gezielt nach solchen Konditionen. Generell ausgeschlossen sind hingegen Unfälle, die sich bei der Ausführung beziehungsweise dem Versuch einer Straftat ereignen, sowie Unfälle durch Kriegs- oder Bürgerkriegsereignisse, innere Unruhen oder Kernenergie. Ebenfalls nicht gezahlt wird bei Unfällen durch Trunkenheit, Geistes- und Bewusstseinsstörungen sowie Schlaganfällen oder andere Krampfanfälle. Nicht gedeckt sind auch Unfälle des Versicherten bei der Benutzung von Luftfahrzeugen mit Ausnahme des Fluggastrisikos sowie Unfälle bei Fahrzeugveranstaltungen, bei denen es auf die Erzielung einer Höchstgeschwindigkeit ankommt.

Tipp Je nach Vertrag erhalten Sie bei Unfällen die Leistung als einmalige Kapitalauszahlung (sinnvoll, wenn Sie etwa Umbauten durchführen müssen) oder als Rentenleistung. Wenn Sie eine Einmalzahlung vereinbaren, sollten Sie darüber hinaus noch eine monatliche Zusatzrente vereinbaren, die in der Regel bei einer vom Arzt zu bescheinigenden Invalidität von 50 Prozent zahlt.

Wie viel Geld Sie bekommen, hängt vom Invaliditätsgrad ab. Dabei wird die Invalidität prozentual bewertet nach einer bestimmten, in den Bedingungen des Vertrages vorher festgelegten Gliedertaxe. Die Gliedertaxe ist eine Tabelle, nach der die Versicherungen den Grad der Invalidität im Falle vollständigen Verlustes oder vollständiger Gebrauchsunfähigkeit bestimmter Gliedmaßen oder Sinnessorgane festlegen. Sie können eine progressive Invaliditätsstaffel vereinbaren. Das heißt, ab einer Invalidität von 25 Prozent wird der Prozentsatz verdoppelt, ab 50 Prozent verdreifacht und so weiter. Abhängig von den Vereinbarungen im Versicherungsvertrag steigt der Prozentsatz bei Vollinvalidität auf 300 (Tarif P300) oder gar 500 (Tarif P500) Prozent. Es wird also bei Vollinvalidität das Drei- beziehungsweise Fünffache der Versicherungssumme ausgezahlt. Allerdings fallen für eine hohe Progression selbstverständlich auch höhere Prämien für Sie an. Dennoch bieten diese Tarife in der Regel ein besseres Preis-Leistungs-Verhältnis. Allerdings: Bei einer Invalidität bis 25 Prozent leistet der normale lineare Tarif in der Regel gleich viel wie eine Police mit hoher Progression.

Höhe der Beiträge

Die Höhe der Versicherungsbeiträge hängt vom Leistungsumfang ab, aber auch von der Gefahrengruppe, der Sie angehören. Generell unterteilen Unfallversicherungen Versicherte in zwei Gefahrengruppen:

- Gefahrengruppe A umfasst in der Regel Berufe mit nicht körperlicher Tätigkeit, etwa Bürotätigkeit. Kaufmännische Angestellte im Innendienst beispielsweise werden in diese Gefahrengruppe eingeordnet. Die meisten Versicherer ordnen Frauen immer in diese Gefahrengruppe ein, bei manchen Versicherungen zahlen Frauen sogar weniger als Männer. Bei einer Versicherungssumme von 100.000 Euro und einer Progression von 350 Prozent sollte eine Frau oder ein Mann der Gefahrengruppe A nicht mehr als 180 Euro im Jahr zahlen.
- Gefahrengruppe B umfasst Berufe mit körperlicher und gefährlicher Tätigkeit. Hierunter fallen etwa Kraftfahrer oder Handwerker. Die Tarife sind entsprechend teuer: Je nach Angebot kann der Beitrag in Gruppe B mehr als doppelt so hoch sein wie in Gruppe A. Wer einen gefährlichen Beruf oder ein gefährliches Hobby hat, wird von manchen Gesellschaften sogar ganz aus der Versicherung ausgeschlossen, andere hingegen gewähren eine Zusatzversicherung gegen Aufpreis. Wenn Sie als Mann in Gefahrengruppe B 300 Euro und mehr zahlen sollen, ist die Versicherung ungünstig.

Haftpflichtversicherung

Als Selbstständiger sind Sie für Ihre Arbeit und auch für Ihre Fehler selbst verantwortlich – ein wichtiger Unterschied zur Tätigkeit eines Arbeitnehmers. Das bedeutet im Ernstfall, dass Sie für Schäden, die Sie mit Ihrer Arbeit verursacht haben, finanziell aufkommen müssen. Doch verfallen Sie jetzt nicht in Panik und malen sich aus, welche furchtbaren Dinge passieren könnten. Da jedes Unternehmen anders ist, ist es leider unmöglich, Ihnen genau zu sagen, welche Haftungsfälle bei Ihrer Arbeit eintreten könnten. Überlegen Sie daher einmal ganz in Ruhe und realistisch, welche Risiken Ihre Tätigkeit mit sich bringt, und informieren Sie sich dann genau, wie Sie diese absichern können. Denn die Privathaftpflichtversicherung, die Sie wahrscheinlich abgeschlossen haben, greift nicht bei beruflichen Schäden. Sie sollten daher eine gesonderte Haftpflichtversicherung für Ihre Unternehmen abschließen oder mit der privaten Haftpflichtversicherung zusammenlegen (das ist bei geringen Risiken manchmal möglich). Die Kosten einer solchen Versicherung sind abhängig von den Versicherungssummen, die im Schadensfall gezahlt werden, und davon, welche Art von Schäden versichert wird.

Folgende Haftpflichtversicherungen gibt es:

- ❑ Die **Betriebshaftpflichtversicherung** deckt Sach- und Personenschäden ab (Vermögensschäden sind nur mitversichert, wenn Sie sich aus diesen ergeben, zur speziellen Vermögensschadenhaftpflicht unten mehr), die Sie als Unternehmer, Ihre gesetzlichen Vertreter oder Betriebsangehörige (etwa Angestellte) im Rahmen des Geschäftsbetriebes anderen zufügen oder die anderen auf dem Betriebsgelände zustoßen.
- ❑ Die **Berufshaftpflichtversicherung** greift bei Schäden, die in Ausübung des Berufes entstehen. Im Gegensatz zur normalen Betriebshaftpflichtversicherung, die nur Personen- oder Sachschäden beziehungsweise aus diesen folgende Vermögensschäden absichert, sind bei der Berufshaftpflichtversicherung zusätzlich auch Ansprüche wegen des spezifischen Schadenspotenzials dieser Berufe abgedeckt.

- Die **Vermögensschadenhaftpflichtversicherung** bietet Schutz gegen sogenannte echte Vermögensschäden. Sie sichert vor allem Tätige aus dem Dienstleistungssektor ab, die aus beruflichen Gründen fremde Vermögensinteressen wahrnehmen, indem Sie beratend, prüfend oder verwaltend für andere tätig werden. Vermögensschäden entstehen hier beispielsweise durch Fehler oder wenn Termine nicht eingehalten werden. Einige Berufsgruppen, wie Wirtschaftsprüfer oder Unternehmensberater, sind sogar gesetzlich dazu verpflichtet, eine solche Versicherung abzuschließen.
- Wer ein Produkt herstellt, benötigt eine entsprechende **Produkthaftpflichtversicherung**, die neben Personen- und Sachschäden auch Vermögensschäden abdeckt, die durch Fehler eines Produktes oder einer Gebrauchsanleitung verursacht wurden.
- Eine **Umwelthaftpflichtversicherung** deckt Personen-, Sach- und Vermögensschäden sowie Folgeschäden bei Schäden durch Umwelteinwirkungen ab.
- Bei der **Kraftfahrzeughaftpflichtversicherung** ändert sich für Sie nichts, wenn Sie Ihren privaten Wagen auch beruflich nutzen. Wenn Ihr Unternehmen jedoch mehrere Fahrzeuge hat, sind die Konditionen einer Kfz-Flottenversicherung oft günstiger als einzelne Versicherungen.

Rechtsschutzversicherung

Eine Rechtsschutzversicherung versichert das Kostenrisiko eines Rechtsstreites und wird nicht nur für Privatpersonen, sondern auch für Unternehmen angeboten. Eine Rechtsschutzversicherung greift immer erst bei Vorliegen eines Rechtsschutzfalles. Daher deckt die Versicherung in der Regel keine vorbeugende Rechtsberatung ab. Außerdem übernimmt die Versicherung die Kosten eines Rechtsstreites in der Regel nur, wenn sich hinreichende Aussicht auf Erfolg bietet und dem Versicherten kein schuldhaftes Handeln zur Last gelegt wird – das prüfen die Gesellschaften sehr gründlich. Der Versicherungsschutz beginnt in der Regel erst nach Ablauf einer Wartezeit von drei

Monaten nach Versicherungsbeginn. Wie teuer eine Rechtsschutzversicherung ist, hängt im Wesentlichen von den versicherten Leistungen und Risikofällen ab. Sie können eine Versicherung ohne Deckungsbegrenzung abschließen, preiswerter wird es allerdings, wenn Sie vertraglich eine Deckungssumme vereinbaren. Im Regelfall sind 250.000 bis 500.000 Euro für einen Rechtsschutzfall ausreichend zum Durchschreiten von zwei Instanzen.

Folgende Leistungen können durch eine Rechtsschutzversicherung abgedeckt werden:

- ❑ Vertrags-Rechtsschutz
- ❑ Steuer-Rechtsschutz
- ❑ Rechtsschutz bei Schadensersatz
- ❑ Rechtsschutz in Strafsachen
- ❑ Disziplinar- und Standes-Rechtsschutz
- ❑ Rechtsschutz in Arbeitsrecht
- ❑ Sozialgerichts-Rechtsschutz
- ❑ Daten-Rechtsschutz
- ❑ Verwaltungs-Rechtsschutz in Verkehrssachen
- ❑ Ordnungswidrigkeiten-Rechtsschutz
- ❑ Wohnungs- und Grundstücks-Rechtsschutz
- ❑ Opfer-Rechtsschutz

Betriebskostenversicherung

Mit der Betriebskostenversicherung sichern Sie Ihr Unternehmen, auch wenn Sie einmal durch Krankheit oder Unfall ausfallen sollten. Ihr Gewinn kann zwar durch das Krankengeld der gesetzlichen Krankenversicherung oder eine Krankentagegeldversicherung abgedeckt sein, die fixen Betriebskosten für Praxis, Kanzlei oder Büro laufen jedoch weiter. Bei einer längeren Arbeitsunfähigkeit können die Reserven dann sehr schnell aufgebraucht sein.

Betriebsunterbrechungs- oder Ertragsausfallversicherung

Diese Versicherung deckt die finanziellen Folgen ab, wenn ein versichertes Schadensereignis, etwa Feuer, Sturm, Überschwemmung, Einbruch oder Wasserschaden, zum Unternehmensstillstand führt. Solange keine Erträge erwirtschaftet werden können, kommt die Betriebsausfallversicherung bis zum Wiederaufbau des Betriebes für die laufenden Kosten auf, wie Löhne, Gehälter, Mieten, Zinsen und so weiter.

Forderungsausfallversicherung

Wenn Sie mit größeren Beträgen in Vorkasse treten müssen, können Sie zahlungsunwillige Kunden ganz schnell in Schwierigkeiten bringen. Forderungsausfallversicherungen decken Ausfälle aus Warenlieferungen, Werkleistungen und Dienstleistungen. Sie rechnen sich für alle, die einen Jahresumsatz von 500.000 Euro und Ausfälle von 20.000 Euro im Jahr haben.

Vertrauensschadenversicherung

Mit einer Vertrauensschadenversicherung können Sie sich gegen finanzielle Schäden aus unerlaubten und vorsätzlichen Handlungen absichern – etwa gegen Unterschlagung, Diebstahl, Veruntreuung und Betrug einschließlich Computermissbrauch. Der Schutz gilt bei den eigenen Mitarbeitern, bei Fremdpersonal, Zeitarbeitskräften, Geschäftsführern, Vorständen und Hackern.

Anlagen und Bestände

Anlagen und Bestände sind Ihr Unternehmensgebäude, Ihre Büros und die beweglichen Inhalte darin. Für diese können Sie eine Feuerversicherung gegen Sachschäden durch Brand, Blitzschlag, Explosion oder Flugzeugabsturz abschließen. Eine Leitungswasserversicherung regelt die Kosten für Sachschäden, die durch austretendes Wasser aus Wasserleitungen oder Wasser- beziehungsweise Heizungsanlagen entstehen. Eine Sturm- und Hagelversicherung kommt für Sachschäden auf, die sich auf dem versicherten Grundstück befinden. Und eine Einbruchdiebstahl-/Raubversicherung erstattet Schäden, die durch Diebstahl, Zerstörung, Beschädigung von versicherten Sachen durch Diebstahl, Raub und Vandalismus nach einem Einbruch entstanden sind.

Schäden an Computern, Telefonanlagen und Druckern regelt die Elektronikversicherung. Wenn wichtige Daten auf Ihrem Rechner liegen, können Sie sich zusätzlich eine Datenträger- und Softwareversicherung zulegen. Und wenn Sie Anlagen montieren und demontieren, können Sie über eine passende Montageversicherung nachdenken. Eine Glasversicherung erstreckt sich auf Schäden, die durch das Zerbrechen von fertig eingesetzten Glasscheiben entstehen. Diese Versicherung ist jedoch selten rentabel: In der Regel dürfte der Bruch von Glasscheiben für den versicherten Betrieb kein großes finanzielles Risiko sein. Ausnahmen sind sehr aufwendige und teure Verglasungen, wie etwa Treibhäuser von Gärtnereien. Bei normaler Risikolage dürfte der Beitragsaufwand über die Jahre gesehen höher sein als die möglichen Schäden.

Tipp Sinnvoller als all diese speziellen Risiken einzeln abzusichern ist eine umfassende Geschäftsinhaltsversicherung, die alle Risiken einschließt.

Nun sind Sie selbstständig!

Nun sind Sie selbstständig. Natürlich gab es einige Formalitäten zu regeln: Manche konnten Sie vermutlich recht schnell erledigen, für andere brauchten Sie mehr Zeit. Und bei allen hat ihnen dieses Buch hoffentlich gute Dienst geleistet, indem es Ihnen Schritt für Schritt gezeigt hat, worauf Sie bei Ihrer Existenzgründung achten müssen. Und am Ende werden Sie vielleicht erstaunt festgestellt haben: So kompliziert wie gedacht war der Schritt in die Selbstständigkeit ja gar nicht!

Doch auch wenn die ersten Schritte viel leichter waren als vorher befürchtet: Das wirklich Komplizierte kommt erst noch, nämlich die Selbstständigkeit an sich, Ihre Arbeit als freier Unternehmer. Denn in der Gründungsphase und vielleicht noch in der Zeit danach hatten Sie kompetente Berater, die Ihnen den Wege gewiesen haben oder an denen Sie sich orientieren konnten. Doch irgendwann sind Sie auf sich allein gestellt: Sie müssen von nun an eigenverantwortlich Entscheidungen fällen, ihr Budget verwalten, ihren Tagesablauf organisieren, Kunden gewinnen, Preise festsetzen und Ihre Produkte oder Dienstleistungen verkaufen. Und auch wenn Sie sich für bestimmte Leistungen entsprechende Kompetenzen einkaufen (beispielsweise einen Steuerberater), bleibt die Entscheidung doch immer an Ihnen hängen. Was hier richtig oder falsch ist, wird Ihnen kein Ratgeber sagen können: Letztendlich müssen und werden Sie das selbst herausfinden. Investieren Sie also Ihre Kompetenzen und Ihren Mut in den Aufbau Ihres Unternehmens. Engagieren Sie sich und seien Sie immer wieder innovativ – auch wenn es einmal nicht so gut läuft. Und scheuen Sie sich auch nicht, unternehmerische Fehler zuzugeben und sich Hilfe zu holen, wenn es nötig ist, denn schließlich geht es um Ihre Existenz! Letztlich sind das die einzigen Ratschläge, die man Ihnen für den Aufbau eines Unternehmens geben kann – viel Glück dabei!

Literatur

Apel, Rüdiger (2007): »Wie Sie sich auf ein Bankgespräch vorbereiten«, veröffentlicht bei http://www.akademie.de, Berlin.

Boress, Allan S. (2005): *Jetzt brauche ich Aufträge! Für Existenzgründer, Selbstständige und Kleinunternehmer*, Redline Wirtschaft, Heidelberg.

Chromow, Robert (2007): »Gründungszuschuss: So kommen Sie in die Verlängerung«, veröffentlicht bei http://www.akademie.de, Berlin.

Chromow, Robert (2007): »Die 1-Euro-GmbH kommt. Lohnt sich das Warten auf die GmbH-Reform?«, veröffentlicht bei http://www.akademie.de, Berlin.

Cremer, Udo (2006): *Das 1∞1 der Buchführung*, Redline Wirtschaft, Heidelberg.

Fleing, Elke (2008): *Hervorragend positioniert*, Redline Wirtschaft, Heidelberg.

Gmeiner, Alois (2005): *Das Low-Budget-Werbe-1∞1 für Existenzgründer, Selbstständige und Kleinunternehmer*, Redline Wirtschaft, Heidelberg.

Janson, Simone (2007): *Vom Start weg richtig versichert*, Redline Wirtschaft, Heidelberg.

Janson, Simone (2007): *Selbstorganisation und Zeitmanagement*, Redline Wirtschaft, Heidelberg.

Janson, Simone (2008): *Inside Paper Existenzgründung für Klein(st)selbständige und Freiberufler*, Beamte4u, Wehlau (jährlich aktualisiertes E-Book).

Münster, Thomas (2006): *Die optimale Rechtsform*, Redline Wirtschaft, Heidelberg.

Rödel, Stefan/Doll, Matthias (2005): *Finanzplanung und öffentliche Fördermittel*, Redline Wirtschaft, Heidelberg.

Röthlingshöfer, Bernd (2004): *Werbung mit kleinem Budget*, Beck Juristischer Verlag München.

Stumpf, Hans (2006): *Der effiziente Businessplan*, Redline Wirtschaft, Heidelberg.

Stichwortverzeichnis

I

K

L

M

O

P

R

V

W